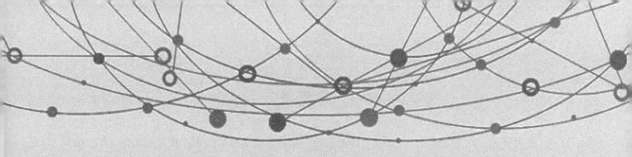

信息技术基础

赵艳莉　主　编

张金元　翟　岩　副主编

电子工業出版社

Publishing House of Electronics Industry

北京·BEIJING

内 容 简 介

本书根据职业教育的特点，采用项目引领、任务驱动的模式进行编写，每个单元均由项目描述、项目分析、相关知识、项目实现、单元小结、课外自测、拓展阅读等模块组成。相关知识部分以"必需、够用"为原则，力求降低理论难度；拓展阅读部分则对想进一步学习的读者进行理论知识的延伸和提升。本书加大了技能操作强度，在练中学，在学中总结、提升，直至灵活掌握软件的使用方法。

本书由 5 个单元、18 个项目组成，主要内容包括信息技术的基本知识、Windows 10 操作系统的介绍、Word 2016 基本应用、Excel 2016 基本应用、PowerPoint 2016 基本应用等。

本书可作为全国高等职业院校公共专业基础课程信息技术基础的教学用书，也可作为信息技术爱好者的自学参考书和课外读物。

未经许可，不得以任何方式复制或抄袭本书之部分或全部内容。
版权所有，侵权必究。

图书在版编目（CIP）数据

信息技术基础 / 赵艳莉主编 . —北京：电子工业出版社，2021.8

ISBN 978-7-121-23777-5

Ⅰ．①信… Ⅱ．①赵… Ⅲ．①电子计算机—高等职业教育—教材 Ⅳ．①TP3

中国版本图书馆 CIP 数据核字（2021）第 181264 号

责任编辑：潘　娅　　文字编辑：曹　旭
印　　刷：三河市良远印务有限公司
装　　订：三河市良远印务有限公司
出版发行：电子工业出版社
　　　　　北京市海淀区万寿路 173 信箱　邮编　100036
开　　本：787×1 092　1/16　印张：17.25　字数：442 千字
版　　次：2021 年 8 月第 1 版
印　　次：2021 年 8 月第 1 次印刷
定　　价：53.80 元

凡所购买电子工业出版社图书有缺损问题，请向购买书店调换。若书店售缺，请与本社发行部联系，联系及邮购电话：(010) 88254888，88258888。

质量投诉请发邮件至 zlts@phei.com.cn，盗版侵权举报请发邮件至 dbqq@phei.com.cn。

本书咨询联系方式：(010) 88254550，zhengxy@phei.com.cn。

前言 PREFACE

信息化时代的人们更需要具有良好的信息素养、信息意识、信息技能及信息道德。根据《高等职业教育专科信息技术课程标准》（2021 年版）的课程要求，"信息技术基础"课程要大力推进以信息处理能力培养为主线的课程改革，即以培养学生的信息素养为核心，以培养学生信息处理能力为主线。通过课程学习，学生应学会用"数据"说话，基于"事实"做出决策，逐步形成利用计算机工具分析、解决实际问题的能力。

通过技术技能的培养，学生应逐步形成信息思维习惯，能够熟练、正确、有效地使用计算机进行信息采集、信息整理、信息加工，并基于信息处理结果进行辅助决策；掌握规范的编辑排版技能，以文档、电子表格、演示文稿及网页的形式进行信息展示，达到信息交流的目的。同时，着重培养学生的信息素养，提高学生的信息道德水平，使学生了解信息技术对环境、社会的影响，理解并自觉遵守信息领域的基本行为规范，认知自身的社会责任。

本书根据《高等职业教育专科信息技术课程标准》的基础模块要求进行编写，由 5 个单元、18 个项目组成。单元 1 介绍了信息技术的一般知识、信息检索技术、信息素养与信息社会责任及新一代信息技术；单元 2 介绍了 Windows 10 操作系统，包括使用计算机和管理计算机的基本技能；单元 3 介绍了 Word 2016 的基本应用；单元 4 介绍了 Excel 2016 的基本应用；单元 5 介绍了 PowerPoint 2016 的基本应用。

本书的参考教学课时为 64 课时，各单元的教学课时分配如下表所示。

章　节	教　学　内　容	课 时 分 配	
		讲　授	实 践 训 练
单元 1	零距离领略信息技术	4	4
单元 2	使用和管理计算机	4	4
单元 3	Word 基本应用	8	8
单元 4	Excel 基本应用	10	10
单元 5	PowerPoint 基本应用	6	6
课时总计		32	32

为方便教学，本书提供了丰富的教学资源包，请登录华信教育资源网（www.hxedu.com）注册后免费下载；另外，本书提供微课资源，用户可扫描书中的二维码获取并观看。

本书由赵艳莉担任主编，张金元、翟岩为副主编。本书第 1 单元、第 3 单元由张金元编写；第 2 单元、第 4 单元由赵艳莉编写；第 5 单元由翟岩编写。赵艳莉对本书进行了框架设计、全书统稿和整理。

由于编者水平有限，书中难免存在疏漏和不足之处，敬请广大读者批评指正。

编　者

目录 CONTENTS

单元 1

零距离领略信息技术

　　　　智能终端设备的普及、网络的广泛应用是信息化时代的重要特征。网络使人们进入信息社会。人们通过网络搜索需要的信息，利用网络休闲、游戏，借助网络学习、购物和通信，随时随地发送信息、分享信息等。信息技术的发展已经极大地改变了人类的思维和生存方式。那么，什么是信息？什么是信息技术？人们应该如何使用好信息？本单元将通过对信息技术的一般知识、信息检索的技术、信息素养与社会责任及新一代信息技术的介绍，使大家对信息技术有一个初步的认识。

项目 1
了解信息技术的一般知识

信息技术一般知识

项目描述

信息社会是一个知识和信息爆炸式发展的社会。面对海量信息，如何从中提取有用的部分成为必须要思考的问题。分析规律、发现新知识，并将其作为决策的依据，要用到信息技术。本项目将主要介绍信息、信息技术及信息安全方面的一般知识。

项目分析

通过对本项目的学习，了解信息定义、种类、特征及信息技术的发展阶段和发展趋势，并对信息安全有一个初步的认识，为进一步的学习打下一个良好的基础。

相关知识

1．信息相关知识

1）信息

所谓信息，是反映一切事物属性及动态的消息、情报、指令、数据和信号中所包含的内容。

一般来说，信息是由信息源（如自然界、人类社会等）发出的被使用者接收和理解的各种信号。信息是客观世界各种事物变化和特征的反映，是物质世界中事物的存在方式或运动状态，以及对这种方式或状态的直接或间接表述。例如，下课铃响了，传达给师生们的信息是下课了，可以休息一会儿；窗外的一声鸣笛，传达给人们的信息是有一辆汽车正在行驶，提醒路人注意避让。

信息本身不是实体，只是消息、情报、指令、数据和信号中所包含的内容，必须依靠某种媒介进行传递。信息载体是在信息传播中携带信息的媒介，是信息赖以存在的物质基础，也就是用于记录、传输、积累和保存信息的实体。信息载体包括以能源和介质为特征，运用声波、光波、电波传递信息的无形载体及以实物形态记录为特征，运用纸张、胶卷、胶片、磁带、磁盘传递和储存信息的有形载体。

2）信息种类

信息按产生的客体性质可以分为以下 3 类。

（1）自然信息。例如，瞬时发生的声、光、热、电等。

（2）生物信息。例如，遗传信息、生物体内的信息交流、动物种群内的信息交流。

（3）社会信息。例如，科技信息、经济信息、政治信息、军事信息、文化信息等。

信息以所依附的载体为依据，可分为以下 4 类。

（1）文献信息。以文字、图形、符号、声频、视频等方式记录在各种文献中的信息。

（2）口头信息。人们通过口头语言形式传递的信息。

（3）电子信息。只以电信号形式存在的信息。例如，存储在计算机中的数据。电子信息在信息的存储、传输、加工和应用方面，具有独特优势，代表着信息技术的主流。

（4）生物信息。生物体所承载的信息，如基因组信息等。

3）信息特征

一般地，信息主要具有以下特征。

（1）普遍性。信息是不以人的意志为转移的客观存在。信息是无处不在、无时不有的，只要有事物的地方就必然有信息。

（2）共享性。信息可以被多个信息接收者接收并且被多次使用。一般情况下，信息共享不会造成信息的丢失，也不会改变信息的内容，即信息可以无损使用并公平分享。

（3）价值性。信息是有价值的，因此人们常说物质、能量和信息是人类生存和社会发展的三大基本资源。信息只有被人们利用才能体现出价值，而有些信息的价值可能尚未被发现。

（4）时效性。信息往往只反映事物某一特定时刻的状态。这种状态会随着时间的推移而变化。例如，天气预报、会议通知、交通状况等信息变化很快，时效性比较强，而一些科学原理、定理、定义的时效性比较弱。

（5）真伪性。信息有真伪之分，能够反映现实世界事物客观程度的是信息的准确性。

（6）可处理性。杂乱无章的信息经过人的分析和处理可以产生新的信息，从而使其增值。

（7）载体依附性。信息不能独立存在，需要依附于一定的载体，同一个信息可以依附于不同的载体。载体依附性使信息具有可存储、可传递、可转换的特点。通过信息载体的传播，可以实现信息在空间上的传递；通过信息载体的存储，可以实现信息在时间上的传递。

（8）价值相对性。信息作为一种资源具有相应的使用价值，但信息价值的高低取决于接收者的需求，即同一条信息对于不同的人而言有不同的价值。

（9）可传递性。信息可借助一定的载体进行传递，使人们感知并接收。信息的传递过程包括信源、信道、信宿 3 个因素。

2．信息技术

信息技术是指用于管理和处理信息的各种技术的总称。

信息技术主要应用计算机科学和通信技术来设计、开发、安装和实施信息系统及应用软件，主要包括微电子技术、传感技术、计算机技术和通信技术。其中，传感技术、计算机技术和通信技术被称为信息技术的三大支柱。

从仿生学观点来看，如果把计算机看成处理和识别信息的"大脑"，把通信系统看成传递信息的"神经系统"，那么传感器就是"感觉器官"。可以这么说，传感技术用于解决信息获取的问题，通信技术用于解决信息传递的问题，计算机技术则用于解决信息存储、加工、处理的问题。

由于传感技术、通信技术都需要计算机技术的支持，因此，计算机技术是现代信息技术的

核心技术。

1）信息技术的发展阶段

以每一次信息技术革命为标志，信息技术的发展可划分为以下 5 个阶段。

（1）第一次信息技术革命是语言的使用。

语言的使用是人类从猿进化到人的重要标志。

（2）第二次信息技术革命是文字的创造。

文字的创造使文明得以传承，使信息第一次打破时间与空间的限制。

（3）第三次信息技术革命是印刷术的发明。

在公元 1040—1048 年的北宋时期，毕昇发明了活字印刷术，使中华文化传到海外。

（4）第四次信息技术革命是电报、电话、广播和电视的发明和普及。

19 世纪中叶以后，随着电报、电话的发明和电磁波的发现，人类通信领域产生了根本性的变革，实现了以金属导线上的电脉冲来传递信息及通过电磁波来进行无线通信的目标。

（5）第五次信息技术革命是计算机技术和通信技术的出现。

20 世纪 60 年代，电子计算机的普及应用及计算机和现代通信技术的有机结合使信息技术得以飞速发展。

2）信息技术的发展趋势

（1）多元化。

信息技术多元化就是信息技术的开发和使用的多样化，包括计算机技术、通信技术、传感技术、控制技术和一些软件的使用和应用技术。

（2）网络化。

信息技术网络化是指利用通信技术和计算机技术，把分布在不同地点的计算机及各类电子终端设备互联起来，以达到所有用户共享软件、硬件和数据资源的目的。

（3）智能化。

信息技术智能化指由现代通信技术、计算机网络技术、行业技术、智能控制技术汇集而成的针对某一个方面的应用，如智能家居系统和智慧校园。

（4）多媒体化。

多媒体技术是利用计算机处理文字、声音、图像、视频等信息所使用的技术，如语音输入、数字电影、网络视频会议等，应用多媒体技术的过程就是多媒体化的过程。

（5）虚拟化。

虚拟现实是一种可以创建和体验虚拟世界的计算机仿真系统。它利用计算机生成一种模拟环境，是一种多源信息融合的、交互式的三维动态视景和实体行为的系统仿真，可使用户沉浸到该环境中。

3．信息安全

信息安全是为数据处理系统建立和采取的技术和管理的安全保护，保护计算机硬件、软件数据不因偶然或恶意的原因遭到破坏、更改和泄露。随着信息技术的飞速发展，信息安全问题越来越受关注。

信息安全技术主要包括以下 8 种。

（1）密码技术。

密码技术主要包括密码算法和密码协议的设计与分析技术，是指在获得一些技术或资源的条件下破解密码算法或密码协议的技术。密码分析可被密码设计者用于提高密码算法和协议的安全性，也可被攻击者利用。

（2）标识与认证技术。

在信息系统中出现的主体包括人、进程和系统等实体。从信息安全的角度看，需要对实体进行标识和身份鉴别，这类技术被称为标识与认证技术，如口令技术、公钥认证技术、在线认证服务技术等。

（3）授权与访问控制技术。

在信息系统中，可授权的权限包括读/写文件、运行程序和访问网络等，实施和管理这些权限的技术被称为授权与访问控制技术。

（4）网络与系统攻击技术。

网络与系统攻击技术指攻击者利用信息系统弱点破坏或非授权地侵入网络和系统的技术，如口令攻击、拒绝服务攻击等。

（5）主机系统安全技术。

操作系统需要保护所管理的软/硬件、操作和资源等的安全，数据库需要保护业务操作、数据存储等的安全，这些安全技术被称为主机系统安全技术。

（6）网络系统安全技术。

在基于网络的分布式系统或应用中，信息需要在网络中传输，用户需要利用网络登录并执行操作，因此需要相应的信息安全措施，这些安全措施被称为网络系统安全技术。

（7）信息安全评测技术。

信息安全评测技术是指对信息安全产品或信息系统的安全性等进行验证、测试、评价和定级的技术，以规范它们的安全特性。

（8）安全管理技术。

安全管理技术是指与安全管理制度的制定、物理安全管理、系统与网络安全管理、信息安全等级保护及信息资产的风险管理等相关的技术。

众所周知，信息是社会发展的重要战略资源，信息安全成为维护国家安全和社会稳定的一个焦点，世界各国都给予了极大的关注和投入。当前，网络信息安全已成为影响国家大局和长远利益的重大关键问题，它不但是发挥信息革命带来的高效率、高效益的有力保证，而且是抵御信息侵略的重要屏障。信息安全问题全方位地影响我国的政治、军事、经济、文化、社会生活的各个方面，如果解决不好信息安全问题，那么将使国家处于信息战和高度金融风险的威胁之中。

为了尽早解决网络信息安全问题，维护国家安全和社会稳定，中国科学技术大学的潘建伟院士在2001年组建了我国第一个"量子物理和量子信息"实验室。经过不断努力和创新，2016年，潘建伟带领"梦之队"科研团队自主研制世界首颗量子科学实验卫星"墨子号"，在酒泉卫星发射中心发射成功，这意味着中国量子保密通信技术取得了重大进展。现在这项技术已经在金融通信和潜艇导航方面被实际应用。在这个领域，我国已经成为了全世界的领跑者。2017年5月，潘建伟团队成功研制出世界第一台超越早期经典计算机的光量子计算机，人类向真正实用的量子计算机又迈进了一大步，潘建伟院士在国家安全峰会上的演讲如图1-1所示。

图 1-1 潘建伟院士在国家安全峰会上的演讲

 项目实现

本项目将向大家介绍信息处理的过程和案例。

1. 信息处理过程

在信息技术不断发展的今天，利用智能终端设备快速接收、存储、加工、传递各种信息，具有速度快、精度高、容量大的特点，可以轻松进行海量信息处理，将人类从繁重的脑力劳动中解放出来。

信息处理是指用计算机等智能终端设备对信息进行收集、加工、存储和传递等工作。其目的是为有各种需求的人们提供有价值的信息作为管理和决策的依据。例如，人口普查资料统计、股市行情实时管理、企业财务管理、市场信息分析、个人理财记录等。

人们在信息处理的过程中，总要对收集到的原始信息进行加工，使之转变为可利用的有效信息。一般来说，信息处理过程包括信息获取、信息加工、辅助决策、交流与展示 4 个基本步骤，下面对其进行具体介绍。

（1）信息获取。

信息获取是指根据特定目的和要求将分散、蕴含在不同时空域的有关信息获取和积累起来的过程。它包括对信息的采集和处理。

（2）信息加工。

信息加工是指通过判别、筛选、分类、排序、分析和再造等一系列操作，使收集到的信息能够满足用户需要的过程。

信息加工的目的在于发掘信息的价值，方便用户的使用。只有在对信息进行适当处理的基础上才能产生新的、用于指导决策的有效信息或知识。信息加工是信息利用的基础，也是信息成为有用资源的重要条件。

信息加工的重要性主要有以下表现：首先，在大量的原始信息中，不可避免地存在着一些假的信息，只有认真地筛选和判别，才能避免真假混乱；其次，最初收集的信息是一种初始的、凌乱的、孤立的信息，只有对这些信息进行分类和排序才能有效利用；最后，信息经过加工后可以创造出新的信息，从而具有更高的使用价值。

（3）辅助决策。

辅助决策是指将加工好的信息为决策者检索、处理信息，确定问题，选择资料，挑选和评价方案等提供辅助参考。辅助决策对于决策人来说，虽然具有非同寻常的作用，但是不能完全代替人。

（4）交流与展示。

将加工好的信息与他人分享、交流并展示在平台上供其他人参考、借鉴和使用。

2．信息处理案例

下面用一个实际案例来介绍信息处理的过程。

信息技术系要开设一门选修课。现在需要根据多数学生的要求，在人工智能概论、创意网站设计、Python 机器学习这 3 门课程中确定一门将要开设的课程。操作步骤如下。

（1）信息获取。采用问卷调查的方法进行：向信息技术系的学生发放调查问卷，公布可选课程，并收集学生的选择信息，如图 1-2 所示。

（2）信息加工。对回收的 156 份调查问卷进行统计、排序等信息加工，加工后的结果如表 1-1 所示。

（3）辅助决策。从这次调查问卷的信息加工结果可以看出，多数学生希望学习的选修课程是"Python 机器学习"，占总选课人数的 55.77%。因此，信息技术系根据多数学生的意见，决定开设"Python 机器学习"这门选修课程。

（4）交流与展示。将信息加工的结果作为这次开设选修课程的决策依据，并将其制作成条形图向同学们展示，如图 1-3 所示。通过这种直观的形式向同学们说明开设选修课的理由，可达到与学生交流、沟通的目的。

图 1-2　调查问卷

表 1-1 选修课调查问卷信息加工结果

序 号	选修课程名称	人 数	百 分 比
1	人工智能概论	38	24.36%
2	创意网站设计	31	19.87%
3	Python 机器学习	87	55.77%

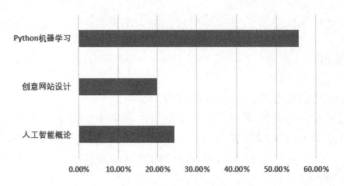

图 1-3 选修课调查问卷信息统计结果条形图

项目 2
掌握信息检索技术

信息检索技术

 项目描述

在当今的信息化社会中，我们经常在智能终端设备上进行信息浏览、在线学习、资源共享、影视娱乐等日常网络活动。面对浩如烟海的互联网资源，我们该如何获取信息呢？而且如何从获取的信息中提取出有效的信息也非常重要。因此，我们需要学习信息检索技术。

相关知识

1. 信息来源

1）信息来源的含义

信息来源有直接获取和间接获取两种。

直接获取主要是通过人的感官与事物接触，使事物的面貌和特征在人们的大脑中留下印象，这是人们认识事物的重要途径之一。例如，实践活动，包括参加社会生产劳动实践和参与各种科学实验等；参观活动，包括观察自然和社会的各种现象。

间接获取是用科学的分析、研究方法，鉴别和挖掘出隐藏在表象背后的信息。例如，通过人与人之间沟通获取的信息，或者查阅书刊、广播电视、影视、电子读物等资料获取的信息。

2）信息来源的多样性

文献型信息源：文献是记录知识的载体，如报纸、期刊、公文、报表、图书和辞典等。其优点是全面、系统、可靠、清晰、明确；缺点是编辑、印刷、发行等花费较多时间，信息比较滞后。

口头型信息源：从某个人口中获取的信息，如来自同学、父母、老师和朋友的口头信息。其优点是灵活方便；缺点是信息带有个人主观成分。

电子型信息源：从电子设备上看到的信息，如通过广播、电视、手机、互联网等传播的信息。其优点是更新快、范围广、易复制，而且生动直观；缺点是需要一定的设备。

实物型信息源：在现场通过某个事件获取的信息，如在运动会、人才招聘会、各类公共场所、事件发生现场等场合获取的信息。其优点是直观、真实；缺点是信息零散、表面。

2. 信息获取

1）信息获取的过程

信息获取需要从实际问题出发，分析问题中所包含的信息，然后确定解决问题所需要的信息，并确定这些信息的来源，最后选择适当的方法来获取信息，并将这些信息存储下来。信息获取的具体过程如下。

（1）定位信息需求。

定位信息需求应先了解需要什么信息。具体地，可以从时间范围、地域范围和内容范围 3 个方面考虑。概括地说，就是要清楚获取什么时间、什么地点的什么信息。

（2）选择信息来源。

要确定哪里有所需要的信息，哪里方便寻找信息，不同的信息获取方式需要相互结合、相互补充。信息来源非常丰富且各具优点，如何选择合适的信息来源就显得非常重要了。首先可根据需求并结合实际情况排除一些不合适的信息来源，再从最方便、性价比最好的信息来源开始尝试。若未达到目的，则需要重新选择。

（3）确定信息获取方法。

信息来源的多样性同样也决定了信息获取方法的多样性。常用的方法有现场观察法、问卷调查法、访谈法、检索法、阅读法、视听法等。

（4）保存信息。

常用以下两种方法保存信息：一是整理信息、分类保存；二是输入计算机保存，将信息以文字、图片、声音、视频、动画的形式保存在计算机中。

（5）评价信息。

评价信息是指以先前所确定的信息需求为依据，对获取的信息进行评价。这是获取有效信息的一个非常重要的步骤，它直接影响信息获取的效益。事实上，在获取信息的过程中就一直在评价及挑选信息，即评价贯穿整个信息的获取过程，如不符合就需要做调整。

（6）反馈信息。

信息获取是一个循环往复的过程，当收到反馈信息后，又可根据新产生的信息需求重新定位信息。由于事物是发展的，因此信息需求也是不断变化的，导致人们对信息的获取需求是没

有止境的。

2）信息获取的工具

获取信息的工具主要有以下几种。

扫描仪：可扫描图片，还可以扫描印刷体文字，并能借助文字识别软件自动识别文字。

照相机：可采集图像信息，部分数码相机还兼具摄像功能。

录音设备：可采集音频信息。

摄像机：可采集视频信息。

计算机：通过多种软件工具，可把来自磁盘、网络的多种类型的信息采集到计算机中。

 ## 项目实现

本项目将向大家介绍信息检索的方法和案例。

1．网络信息资源检索

1）搜索引擎

搜索引擎是指根据一定的策略，运用特定的计算机程序从互联网上搜索信息，在对信息进行组织和处理后，为用户提供检索服务，并将用户检索的相关信息展示给用户的系统。

搜索引擎包括全文搜索引擎、目录索引、元搜索引擎、垂直搜索引擎、集合式搜索引擎等。

（1）全文搜索引擎。

全文搜索引擎是使用最多的一种搜索引擎。例如，国外的 Google 搜索引擎，国内的百度、搜狗搜索引擎等。它们从互联网上提取各个网站的信息，建立数据库，检索与用户查询条件匹配的记录，并按一定的排列顺序返回结果。

根据搜索结果来源的不同，全文搜索引擎可分为两类。一类拥有自己的检索程序，俗称"蜘蛛"程序或"机器人"程序，它能自建网页数据库，搜索结果直接从自身的数据库中调用，如 Google 和百度搜索引擎。另一类则是租用其他搜索引擎的数据库，并按自定的格式排列搜索结果，如 Lycos 搜索引擎。

（2）目录索引。

目录索引即分类检索，是互联网最早提供的资源查询服务，主要通过搜索和整理互联网的资源，根据搜索到的网页内容，将其网址分配到相关分类主题的不同层次的目录下，形成像图书馆目录一样的树形结构分类索引。目录索引无须输入任何文字，只要根据网站提供的主题分类目录，层层点击进入，便可查到所需的网络信息资源，如新浪和搜狐等。

（3）元搜索引擎。

元搜索引擎又称多搜索引擎，它通过一个统一的用户界面帮助用户在多个搜索引擎中选择和利用合适的搜索引擎来实现检索操作，如比比猫搜索引擎和搜星搜索引擎。

（4）垂直搜索引擎。

垂直搜索引擎是针对某个行业的专业搜索引擎，是搜索引擎的细分和延伸，是对网页库中某类专门信息的一次整合，定向分字段抽取需要的数据进行处理后，再以某种形式返回给用户，其特点是专、精、深且具有行业色彩。

（5）集合式搜索引擎。

集合式搜索引擎类似于元搜索引擎。区别在于它并非同时调用多个搜索引擎进行搜索，而是由用户从提供的若干搜索引擎中选择，搜索用户需要的内容。其特点是可以综合众多搜索引擎的特点对比搜索，能更准确地找到目标内容。

2）搜索引擎的使用技巧

（1）提炼搜索关键词。

学会从复杂的搜索意图中提炼出最具代表性和指示性的关键词，能有效提高信息查询效率，这也是使用搜索引擎的基础。

（2）细化搜索条件。

搜索条件越具体，搜索引擎返回的结果就越精确。有时，多输入一两个关键词，效果就完全不同了。

（3）用好逻辑符号。

搜索引擎基本都支持 and、 or 、not 等逻辑运算符查询。不同的搜索引擎使用的逻辑运算符不完全相同，如百度搜索引擎中的"空格"同逻辑"与"的作用相同。

and 代表逻辑"与"，如用 and 连接检索词 a 和 b，表示让搜索引擎同时检索包含检索词 a 和 b 的信息集合。

or 代表逻辑"或"，如用 or 连接检索词 a 和 b，表示让搜索引擎检索含有检索词 a 或 b 之一或同时包括检索词 a 和 b 的信息。

not 代表逻辑"非"，如用 not 连接检索词 a 和 b，表示让搜索引擎检索含有检索词 a 而不含检索词 b 的信息。

2．信息检索实例

百度是国内常用搜索引擎之一。在百度的搜索框里，输入文本关键词，很快就可以得到相关的检索信息。然而，如果不知道关键词或关键词是一副图像，则该如何搜索呢？我们可以利用图像进行识别搜索，只要搜索到图片所包含事物的名称，就可以运用搜索技巧搜索到它的相关信息。

利用百度搜索引擎进行图像搜索（百度识图），如图 1-4 所示。

图 1-4　风景照片

（1）打开搜索引擎。打开百度网站，单击搜索框右侧的"照相机"图标◎，如图1-5所示，进入如图1-6所示的上传图片界面。

图1-5　单击"照相机"图标

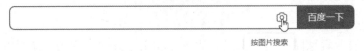

图1-6　上传图片界面

（2）上传照片。单击"选择文件"按钮，上传图片"风景照片.jpg"文件，进入百度识图的搜索结果页面，如图1-7所示。搜索结果显示，这张图片中的事物可能是"垂柳"。

图1-7　百度识图搜索结果

识别图片的另一种方法是将图片文件直接拖到上传图片界面的"拖拽图片到这里"区域中进行识别。

在百度上分别进行多关键词、精准匹配、排除关键词的搜索。其中，搜索结果为编写本教材时显示的结果。

（1）多关键词搜索。

打开百度网站，在搜索框中输入关键词"垂柳"，搜索结果约有100 000 000个，排在前面的基本上都是关于垂柳的树苗基地或销售信息。

按照关键词之间用空格隔开的方式搜索，在搜索框中输入关键词"垂柳 精神"，搜索结果减少，约 32 200 000 个，提高了搜索精准度。

按照关键词之间用 and（或加号+）隔开的方式搜索，在搜索框中输入关键词"垂柳 and 精神"，搜索结果进一步减少，约 185 000 个，进一步提高了搜索精准度。

（2）精准匹配搜索。

打开百度网站，在搜索框中输入关键词"扬州瘦西湖垂柳"，不加双引号时，搜索引擎可能将关键词拆分成"扬州"、"瘦西湖"、"垂柳"或"瘦西湖垂柳"等词语进行搜索，包含其中一个或多个关键词作为搜索结果，约 359 000 个。

如果在关键词上加上英文双引号，则"扬州瘦西湖垂柳"不会被拆分，可精准匹配关键词，搜索结果减少至 2 个。

（3）排除关键词搜索。

与增加关键词相反，当在搜索中想要排除某些关键词时，可使用 not（或减号—）排除。我国历史上留下了许多咏赞垂柳的诗句，尤其唐、宋时期的诗词最多。在搜索框中输入关键词"垂柳诗词—唐代"或 "垂柳诗词 not 唐代"，搜索结果中会将含有唐代的信息排除，分别约为 19 000 000 个或 23 600 000 个搜索结果。

利用百度搜索指定格式的文档，具体步骤如下。

（1）搜索有关"垂柳精神"的 Word 文档。

打开百度网站，在搜索框中输入关键词"垂柳精神 filetype:docx"，搜索结果全是有关"垂柳精神"的 Word 文档。

（2）将"docx"修改为"pdf"、"txt"、"xlsx"或"pptx"，可以搜索到相应格式的文档。

在智能手机端搜索图片，即手机识图，具体步骤如下。

（1）在智能手机上安装"百度"APP 并打开，如图 1-8 所示。

（2）将图片文件"风景照片.jpg"上传至手机。点击搜索框右侧的"照相机"图标，在下一个界面中点击屏幕右下角的"相册"按钮，在相册中找到该图片进行识别，如图 1-9 所示。搜索结果如图 1-10 所示。

图 1-8　手机端百度

图 1-9　选择图片

图 1-10　搜索结果

项目 3
了解信息素养与社会责任

信息素养与社会责任

 项目描述

信息素养是什么？面对网络上纷繁复杂、五花八门的信息，我们怎样做才能担起相应的社会责任呢？通过本项目的学习我们将会了解这些问题的答案。

 项目分析

掌握信息素养的相关知识，学会对信息价值进行判断，培养信息素养能力，了解信息社会应承担的责任。

 **相关知识**

1．信息素养

信息素养的本质是全球信息化需要人们具备的一种基本能力。它包括文化素养、信息意识和信息技能 3 个层面。其要求人们能够判断什么时候需要信息，并且懂得如何去获取、评价和有效利用信息。

概括起来，信息素养具有捕捉信息的敏锐性、筛选信息的果断性、评估信息的准确性、交流信息的自如性和应用信息的独创性 4 个特征。

信息素养包括关于信息和信息技术的基本知识和基本技能，运用信息技术进行学习、合作、交流和解决问题的能力，以及信息的意识和社会伦理道德问题。

信息素养具体表现在以下方面。

（1）热爱生活，有获取新信息的意愿，能够主动地从生活实践中不断查找、探究新信息。

（2）具有基本的科学和文化常识，能够较为自如地对获得的信息进行辨别和分析，并正确地进行评估。

（3）可灵活地支配信息，较好地掌握选择信息、拒绝信息的技能。

（4）能够有效地用信息表达个人的思想和观念，并乐意与他人分享不同的观点或资讯。

（5）无论面对何种情境，都能够充满自信地运用各类信息解决问题，有较强的创新意识和进取精神。

2．信息价值的判断

（1）信息的准确性。

信息的准确性指信息涉及的内容是客观存在的，构成信息的各个要素都接近真实状况，没有人为的偏差。

（2）信息的客观性。

信息的客观性指信息所展示的是事物的本来面目，不带偏见。

（3）信息的权威性。

信息的权威性指信息具有令人信服的力量和威望。

（4）信息的时效性。

信息的时效性指信息在某段时间或某一时期是有效的。

（5）信息的适用性。

信息的适用性指信息对问题的解决是有用的且作用适当。

 项目实现

本项目将介绍信息意识与情感、信息素养能力及信息社会责任。

1．信息意识与情感

随着科技的发展，信息技术正向成为大众伙伴的方向发展，相关操作也越来越简单，为人们提供各种及时可靠的信息。评价一个人信息素养的高低，首先要看这个人的信息意识与情感。

信息意识与情感主要包括：

（1）积极面对信息技术的挑战，不畏惧信息技术；

（2）以积极的态度学习操作各种信息工具；

（3）了解信息源并经常使用信息工具；

（4）能迅速而敏锐地捕捉各种信息，并乐于把信息技术作为基本的工作手段；

（5）相信信息技术的价值与作用，了解信息技术的局限及负面效应，从而正确地对待各种信息；

（6）认同与遵守信息交往中的各种道德规范和约定。

2．信息素养能力

在现代社会中，个人要提高生活质量、追求幸福，企业要发展壮大，国家要提高国际竞争力，都离不开信息。培养和提高信息素养能力不仅有利于个人发展，还有利于社会进步。

信息素养能力具有自我定向的特性，具有信息素养能力的人通常能按照特定的需求，寻求知识，寻找事实，评价和分析问题，产生自己的意见和建议，在经历成功获取知识的激动和喜悦中，也为自己积累了终身学习的经验。而且在寻求知识的过程中会经常与他人交流思想，加深对知识的理解，激发创造，并能在一个更大的空间和社会团体中重新定位自己，找到新的人生价值。信息素养能力是自我学习、终身学习的必备能力，也是创造学习型社会的重要条件。

信息素养能力包括以下方面。

（1）运用信息工具能力。

能熟练使用各种信息工具，特别是网络传播工具。

（2）获取信息能力。

能根据自己的学习目标有效地收集各种学习资料与信息，能熟练地通过阅读、访问、讨论、

参观、实验、检索等获取信息。

（3）处理信息能力。

能对收集的信息进行归纳、分类、存储记忆、鉴别、筛选、分析综合、抽象概括和表达等。

（4）生成信息能力。

在信息收集的基础上，能准确地概述、综合和表达所需要的信息，使之简洁明了，通俗流畅并且富有个性特色。

（5）创造信息能力。

在多种收集信息方式的交互作用基础上，迸发创造思维的火花，产生新信息的生长点，从而创造新信息，实现收集信息的目标。

（6）发挥信息效益能力。

善于运用接收的信息解决问题，让信息发挥最大的社会和经济效益。

（7）信息协作能力。

使信息和信息工具作为跨越时空的、"零距离"的交往和合作中介，使之成为延伸自己的高效手段，同外界建立多种和谐的合作关系。

（8）信息免疫能力。

浩瀚的信息资源往往良莠不齐，需要有正确的人生观、价值观、甄别能力及自控、自律和自我调节能力，能自觉抵御和消除垃圾信息及有害信息的干扰和侵蚀，并且培养合乎时代的信息素养能力。

3．信息社会责任

信息社会责任，是指信息社会中的个体在文化修养、道德规范和行为自律等方面应尽的责任。

信息社会重塑了人们沟通交流的时间观念和空间观念，不断改变着人们的思维与交往模式。一方面，伴随着越来越多的智能设备被互联网连接在一起，事物之间、系统之间、行业之间甚至地域之间的界限越来越模糊，牵一发而动全身的可能性越来越大。另一方面，人与人之间的面对面交流显得越来越不重要，看上去社会关系趋于松散，但是每个社会成员对社会的"影响力"却与过去有着本质的不同，需要明确其身上的"信息社会责任"。

（1）遵守信息相关法律，维持信息社会秩序。

法律是最重要的行为规范系统，信息法凭借国家强制力，对信息行为起强制性调控作用，进而维持信息社会秩序，具体包括规范信息行为、保护信息权利、调整信息关系、稳定信息秩序。

（2）尊重信息相关道德伦理，恪守信息社会行为规范。

随着信息技术的不断发展，现实世界与虚拟世界交融并存的新时代逐渐成型。信息法律是信息活动中外在的强制性调控方式，而信息伦理道德规范则是内在的自觉调控方式，每个社会成员都要遵守法律，恪守信息伦理道德规范。

（3）杜绝对国家、社会和他人产生直接或间接的危害。

互联网将世界紧密联系在一起，削弱了地域的差别，全球经济一体化趋势不可阻挡。同时，智能终端的普及使时间和空间没有了阻隔，每个社会成员都可以使用不同的社交 APP 以匿名的方式发表自己的思想和主张，导致受众认识混乱。当面对未知、疑惑或两难局面的时候，"扬善避恶"是最基本的出发点，其中的"避恶"更为重要。每个信息社会的成员都要从自身做起，和在真实世界一样，做事前审慎思考，杜绝对国家、社会和他人产生直接或间接的危害。

（4）关注信息技术革命带来的环境变化与人文挑战。

随着现代科技的发展，信息技术革命带来的环境变化与人文挑战已悄然出现，人们所关注的道德对象逐渐演化为人与自然、人与操作对象、人与他人、人与社会及人与自我等各种复杂的关系。急剧的社会变迁不可避免地会带来一些观念上的碰撞与文化上的冲突。如何在变革中保留文化传承，并持续发扬光大，进而维护人、信息、社会和自然的和谐，是每个信息社会的成员都需要去思考的问题。

项目 4
认识新一代信息技术

新一代信息技术

项目描述

伴随全球新一轮科技革命和产业革命的持续深入，国际产业格局在加速重组。新一代信息技术是全球研发投入最集中、创新最活跃、应用最广泛、辐射带动作用最大的领域，是全球技术创新的竞争高地，是引领新一轮产业变革的主导力量。大数据、云计算、物联网、人工智能及多媒体技术、5G 技术、区块链等新一代信息技术的发展，正加速推进全球产业分工深化和经济结构调整，重塑全球经济竞争格局。那么，如何认识这些新一代信息技术并掌握好、运用好它们，让互联网更好地造福于人类呢？

项目分析

通过对新一代信息技术的介绍，使大家对新一代信息技术有一个全面的了解，并熟知它们的特点、发展趋势，以及在不同领域中的应用。

相关知识

1. 新一代信息技术

新一代信息技术是以大数据、云计算、物联网、人工智能为代表的新兴技术，既是信息技术的纵向升级，又是信息技术的横向渗透融合。

新一代的信息技术是当今世界创新最活跃、渗透性最强、影响力最广泛的领域之一。新一代的信息技术正在引发新一轮全球范围内的科技革命，正在以前所未有的速度转化为现实生产力，引领当今世界科技、经济、政治、文化的发展，改变着人们的学习、生活和工作方式。

2. 大数据

大数据是指无法在一定时间范围内用常规软件工具进行捕捉、管理和处理的数据集合，是需要新处理模式才能具有更强的决策力、洞察发现力和流程优化能力的海量、高增长率及多样化的信息资产，如图 1-11 所示。

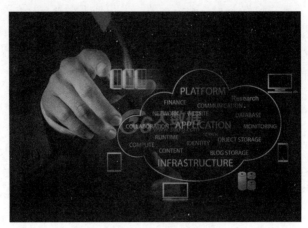

图 1-11　大数据

在维克托·迈尔·舍恩伯格及肯尼斯·库克耶编写的《大数据时代》中，大数据不用随机分析法（抽样调查）这种捷径分析处理，而采用所有数据进行分析处理。大数据具有 5V 特点（IBM 提出）：Volume（大量）、Velocity（高速）、Variety（多样）、Value（低价值密度）、Veracity（真实性）。

大数据技术的战略意义不在于掌握庞大的数据信息，而在于对这些含有意义的数据进行专业化处理。换而言之，如果把大数据比作一种产业，那么这种产业实现盈利的关键是提高对数据的"加工能力"，通过"加工"实现数据的"增值"。

据中国经济网分析，我国数据总量正在以年均 50% 的速度增长，我国正在成为真正的数据资源大国，这为大数据产业发展提供了坚实的基础。

随着云时代的来临，大数据也受到了越来越多的关注。分析师团队认为，大数据通常用来形容一个公司创造的大量非结构化数据和半结构化数据，这些数据在下载到关系型数据库用于分析时会花费过多时间和金钱。大数据分析常和云计算联系到一起，因为实时的大型数据集分析需要像 MapReduce 一样的框架来向数十、数百甚至数千台计算机分配工作。

大数据需要特殊的技术，以有效地处理大量的容忍经过时间内的数据。适用于大数据的技术包括大规模并行处理数据库、数据挖掘、分布式文件系统、分布式数据库、云计算平台、互联网和可以扩展的存储系统。

目前大数据应用成果突出的行业如下。

（1）教育行业。

大数据在教育行业的应用，主要有在线决策、学习分析、数据挖掘三大要素，其主要作用是进行预测分析、行为分析、学业分析等应用和研究。教育行业的大数据主要指学生学习过程和教师讲授过程中所产生的数据，通过对这些数据的分析，能够为学校、教师的教学提供参考和及时有效的教学评价，发现学生学习过程中存在的潜在问题。

（2）医疗卫生行业。

医院的电子病历就是典型的大数据。以一个小规模城市的医疗系统为例，每天门诊量和住院病人人数可达到数万人，每人每次的病历、检验数据可达 GB 级，因此，每天的数据量都在

TB 级，甚至多达数十 TB 以上。医院中数据更新速度快，电子病历的数据类型包括文本、图像、图形和视频等多种类型的数据。电子病历中隐藏着极其有价值的信息。通过大数据分析可以挖掘出这些信息以便医生进一步分析患者的病因，从而采取最有效的治疗方案。

（3）能源行业。

能源大数据目前主要应用于石油和天然气全产业链、智能电网及风电行业。随着能源行业科技化和信息化程度的加深，以及各种监测设备和智能传感器的普及，大量包括石油、煤炭、太阳能、风能等的数据信息得以产生并被存储下来，这就为构建实时、准确、高效的综合能源管理系统提供了数据源，可以让能源大数据发挥作用。另外，能源行业基础设施的建设和运营涉及大量工程和多个环节的海量信息，而大数据技术能够对海量信息进行分析，帮助提高能源设施的利用效率，降低经济成本。最终在实时监控能源动态的基础上，利用大数据预测模型，解决能源消费不合理的问题，促进传统能源管理模式变革，合理配置能源，提升能源预测能力等，将会为社会带来更多的价值。

3. 云计算

云计算是继个人计算机变革和互联网变革之后掀起的第三次 IT 浪潮，也是中国战略性新兴产业的重要组成部分。通过整合网络计算、存储、软件内容等资源，云计算可以实现随时获取、按需使用、随时扩展、按使用付费等功能。

那么什么是云计算呢？云计算采用按使用量付费的模式，这种模式提供可用的、便捷的、按需的网络访问，当进入可配置的计算资源共享池（资源包括网络、服务器、存储、应用软件、服务）时，这些资源能够被快速提供，只需投入很少的管理工作或与服务供应商进行很少的交互，如图 1-12 所示。

图 1-12　云计算

云计算是分布式计算、并行计算、效用计算、网络存储、虚拟化、负载均衡、热备份冗余等传统计算机和网络技术发展融合的产物。

云计算是基于互联网的相关服务的增加、使用和交付模式，通常涉及互联网动态易扩展且经常虚拟化的资源。云是网络、互联网的一种比喻说法。过去往往用云来表示电信网，后来也用来表示互联网和底层基础设施的抽象。云计算甚至具有每秒 10 万亿次的运算能力，拥有这么强大的计算能力可以模拟核爆炸，预测气候变化和市场发展趋势。用户通过计算机、手机等方式接入数据中心，按自己的需求进行运算。

云计算使计算分布在大量的分布式计算机上，而非本地计算机或远程服务器，企业数据中心的运行与互联网更相似。这使得企业能够将资源切换到所需要的应用上，根据需求访问计算机和存储系统。

这好比是从古老的单台发电机模式转向了电厂集中供电的模式。这意味着计算能力也可以作为一种商品进行流通，就像煤气、水电一样，取用方便，价格低廉。最大的不同之处在于，它是通过互联网进行传输的。

云计算具有如下特点。

（1）超大规模。

"云"具有相当大的规模，Google 云计算已经拥有 100 多万台服务器，Amazon、IBM、微软、Yahoo 等"云"均拥有几十万台服务器。"云"能赋予用户前所未有的计算能力。

（2）虚拟化。

云计算支持用户在任意位置，使用各种终端获取应用服务。所请求的资源来自"云"，而不是固定的有形实体。应用在"云"中某处运行，实际上用户无须了解应用运行的具体位置，只需要一台笔记本计算机或一部手机，就可以通过网络服务来获取所需的一切服务。

（3）高可靠性。

"云"使用了数据多副本容错、计算节点同构可互换等措施来保障服务的高可靠性，使用云计算比使用本地计算机可靠。

（4）通用性。

云计算不针对特定的应用，在"云"的支撑下可以构造出千变万化的应用，同一个"云"可以同时支撑不同的应用运行。

（5）高可扩展性。

"云"的规模可以动态伸缩，满足应用和用户规模增长的需要。

（6）按需服务。

"云"是一个庞大的资源池，用户按需购买，按使用量计费。

（7）低成本。

"云"具有特殊容错措施，使得采用节点来构成云变得极其廉价；"云"的自动化集中式管理减轻了企业对数据中心管理的成本；"云"的通用性使资源的利用率比传统系统大幅提升。因此，用户可以充分享受"云"的低成本优势，通常只要花费几千元人民币、几天时间就能完成以前需要数万元人民币、数月时间才能完成的任务。

（8）潜在危险。

云计算除提供计算服务外，还提供存储服务。目前云计算服务主要由私人企业提供，而它们仅具有商业信用。在信息社会中"信息"是至关重要的，政府机构、商业机构均持有敏感数据，因此，在选择云计算服务时应保持足够的警惕性。一旦商业用户大规模使用私人机构提供的云计算服务，无论其技术优势有多强，都不可避免地让这些私人机构以"数据（信息）"的重要性来挟制社会。同时，云计算中的数据对数据所有者外的其他云计算用户是保密的，但对提供云计算的商业机构而言则是毫无秘密可言的。所有这些潜在的危险，是商业机构和政府机构在选择云计算服务，特别是国外机构提供的云计算服务时，不得不考虑的一个重要的问题。

目前，市场上能提供"云服务器"产品的厂商虽然很多，但真正安全、稳定、可靠的云服务器还是出自专业品牌，如阿里云、华为云等。目前，国内主流的云服务商有阿里云、腾讯云、百度云、京东云、华为云、盛大云、金山云、美团云等。

目前，市场上云计算主要有以下4种类型。

（1）公有云。

公有云由云服务供应商将应用程序、资源、存储和其他服务提供给用户，这些服务多半都是免费的，也有部分按需按使用量来付费，这种模式只能使用互联网来访问和使用。同时，这种模式在私人信息和数据保护方面也比较有保证。这种部署模型通常可以提供可扩展的云服务并能高效设置。

（2）私有云。

私有云是为一个客户单独使用而构建的，可提供对数据、安全性和服务质量的最有效控制。私有云可以部署在企业数据中心的防火墙内，也可以将它们部署在一个安全的主机托管场所。这种模式所要面临的是纠正、检查等安全问题，需要企业自己负责。此外，整套系统也需要企业自己出钱购买、建设和管理。这种云计算模式可产生正面效益，从模式的名称也可以看出，它可以为所有者提供具备充分优势和功能的服务。

（3）社区云。

社区云是指在一定的地域范围内，由云计算服务提供商统一提供计算资源、网络资源、软件和服务能力所形成的云计算形式。社区云是由多个目标相似的公司之间共同组建而成的，共享一套基础设施，所产生的成本由其共同承担，因此，所能实现的成本节约效果并不好。社区云的成员都可以登入云中获取信息和使用应用程序。

（4）混合云。

混合云是两种或两种以上的云计算模式的混合体，如公有云和私有云混合，它们相互独立，但在云的内部又相互结合，可以发挥所混合的多种云计算模型的各自优势。

在以上不同类型的云计算中，公有云在前期的应用部署、成本投入、技术成熟程度、资源利用率及环保节能等方面更具优势；私有云在服务质量、可控性、安全性及兼容性等方面的优势较明显；而混合云则兼具它们的优点。

目前，云计算主要有以下几个方面的应用。

（1）云存储。

云存储是在云计算的基础上延伸和发展而来的，是指通过集群应用、网格技术或分布式文件系统等功能，将网络中大量各种不同类型的存储设备通过应用软件集合起来协同工作，共同对外提供数据存储和业务访问功能的一个系统。当云计算系统运算和处理的核心是大量数据存储和管理时，云计算系统中就需要配置大量的存储设备，云计算系统也就转变为一个云存储系统，所以云存储是一个以数据存储和管理为核心的云计算系统。例如，网络云盘就是一种云存储应用程序。

（2）云游戏。

云游戏是以云计算为基础的游戏方式，在云游戏的运行模式下，所有游戏都在服务器端运行，并将渲染完毕后的游戏画面压缩后通过网络传送给用户。在客户端，用户的游戏设备不需要任何高端处理器和显卡，只需要具备基本的视频解压能力即可。

（3）云教育。

云教育打破了传统的教育信息化边界，推出了全新的教育信息化概念，集教学、管理、学习、娱乐、分享、互动交流于一体。让教育部门、学校、教师、学生、家长及其他教育工作者，

可以在同一个平台上根据权限去完成不同的工作。

云教育包括教育培训管理信息系统、远程教育培训系统和培训机构网站。在这个覆盖全球的教育平台上，可共享教育资源，分享教育成果，加强教育中的教育者和受教育者之间的互动。

（4）云安全。

云安全通过网状的大量客户端对网络中软件行为的异常进行监测，获取互联网中木马、恶意程序的最新信息，推送到服务器端进行自动分析和处理，再把病毒和木马的解决方案分发到每个客户端。目前，国内主流的杀毒软件服务提供商（如360、金山等公司）都向其用户提供云安全服务。

（5）云会议。

云会议是基于云计算技术的一种高效、便捷、低成本的会议形式。使用者只需要通过互联网界面进行简单的操作，便可快速高效地与全球各地的团队及客户同步分享语音、数据文件及视频等信息，而会议中数据的传输、处理等复杂技术问题由云会议服务商帮助解决。

（6）云社交。

云社交是一种由物联网、云计算和移动互联网交互应用的虚拟社交应用模式，以建立"资源分享关系图谱"为目的，进而开展网络社交。云社交的主要特征是把大量的社会资源统一整合和评测，构成一个资源有效池，向用户按需提供服务。参与分享的用户越多，能够创造的价值就越大。

4．物联网

物联网是指通过射频识别装置、红外感应器、全球定位系统、激光扫描器等信息传感设备，按约定的协议，把任何物品与互联网相连接，进行信息交换和通信，以实现对物品的智能化识别、定位、跟踪、监控和管理的一种网络，如图1-13所示。

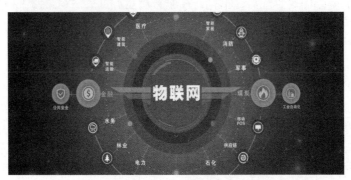

图 1-13　物联网

物联网是新一代信息技术的重要组成部分，也是信息化社会的重要发展阶段。物联网的英文名称是 Internet of Things（IoT），顾名思义，物联网就是物与物相连的互联网，这有两层含义：其一，物联网的核心和基础仍然是互联网，是在互联网基础上延伸和扩展的网络；其二，用户端延伸和扩展到任何物品与物品之间，进行信息交换和通信，也就是"物物相息"。

物联网具有以下3个特征。

（1）全面感知。

利用射频识别装置、传感器、二维码等随时随地获取和采集物体信息。

（2）可靠传递。

通过无线网络与互联网的融合，将物体的信息实时、准确地传递给用户。

（3）智能处理。

利用云计算、数据挖掘及模糊识别等人工智能技术，对海量数据和信息进行分析和处理，对物体实施智能控制。

因此，物联网的本质主要体现在 3 个方面：一是互联网特征，即对需要联网的事物一定要能够实现互联互通的互联网络；二是识别与通信特征，即纳入物联网的"物"一定要具备自动识别和物物通信（M2M）的功能；三是智能化特征，即网络系统应具有自动化、自我反馈与智能控制的特点。

物联网将现实世界数字化，其具有广阔的市场和应用前景。目前，物联网技术主要应用在以下 10 个领域。

（1）智慧物流。

智慧物流以物联网、大数据、人工智能等信息技术为支撑，在物流的运输、仓储、配送等各个环节实现系统感知、全面分析及处理等功能。通过在物流商品中植入传感芯片，供应链上的购买、生产制造、包装/装卸、堆栈、运输、配送/分销、出售、服务的每个环节都能无误地被感知和掌握。

（2）智能交通。

智能交通物联网技术可以自动检测并报告公路、桥梁的运行情况，还可以避免超载的车辆经过桥梁，也能够根据光线强度对路灯进行自动开关控制。

（3）智能安防。

安全是人们永远的需求。传统安防对人的依赖程度较高，而智能安防能够通过设备实现智能判断。一个完整的智能安防系统主要包括 3 部分：门禁、报警和监控。行业中智能安防系统主要以监控为主。

（4）智慧能源环保。

智慧能源环保属于智慧城市的一部分，其物联网技术主要应用在水能、电能、燃气等能源及井盖、垃圾桶等环保装置上。例如，使用智慧井盖可以检测水位及其状态，使用智能水电表可实现远程抄表等。

（5）智能医疗。

在智能医疗领域，新技术的应用必须以人为中心。而物联网技术是数据获取的主要途径，能有效地帮助医院实现对人和物的智能化管理。对人的智能化管理是指通过传感器对病人的生理状态（如心跳频率、体力消耗、血压高低等）进行监测，主要通过医疗可穿戴设备将获取的数据记录到电子健康文件中，方便个人或医生查阅。对物的智能化管理主要是指通过 RFID 技术对医疗器械进行追踪。

（6）智慧建筑。

通过感应技术，建筑物内照明灯能自动调节光亮度，实现节能环保，建筑物的运作状况也能通过物联网及时发送给管理者。根据亿欧智库的调查，目前智慧建筑主要体现在用电照明、消防监测、智慧电梯、楼宇监测及运用于古建筑领域的白蚁监测上。

（7）智能制造。

智能制造范围很广，涉及很多行业。制造领域是物联网的一个重要的应用领域，主要体现

在数字化及智能化的工厂改造上，包括工厂机械设备监控和工厂的环境监控。通过在设备上加装相应的传感器，设备厂商可以远程随时随地了解产品的使用状况，完成产品生命周期内信息的收集，指导产品设计和售后服务；而厂房的环境主要是采集温度、湿度、烟感等信息。

（8）智能家居。

人们可以通过物联网在办公室操作家里的电器，如在下班回家的途中家里的饭菜已经煮熟及洗澡水已经烧好。另外，家庭设施能够自动报修。

（9）智能零售。

智能零售是指将传统的售货机和便利店进行数字化升级、改造，打造的无人零售模式。通过数据分析，并充分运用门店内的客流和活动，智能零售可以为用户提供更好的服务，给商家带来更高的经营效益。

（10）智慧农业。

智慧农业是指将物联网、大数据、人工智能等现代信息技术与农业进行深度融合，实现农业生产全过程的信息感知、精准管理和智能控制的一种全新的农业生产方式，可实现农业可视化诊断、远程控制及灾害预警等功能。

5．人工智能

人工智能（AI）是研究、开发用于模拟、延伸和扩展人的智能的理论、方法、技术及应用系统的一门新的技术科学。人工智能是计算机科学的一个分支，它企图了解智能的实质，并生产一种新的能以与人类智能相似的方式做出反应的智能机器。该领域的研究包括机器人、语言识别、图像识别、自然语言处理和专家系统等。人工智能自诞生以来，理论和技术日益成熟，应用领域也不断扩大，可以设想，未来人工智能带来的科技产品，将会是人类智慧的"容器"，如图1-14所示。

图1-14　人工智能

人工智能是对人的意识、思维的信息过程的模拟。人工智能不是人的智能，但能像人那样思考，也可能会超过人的智能。

人工智能是一门极富挑战性的科学，从事这项工作的人必须懂计算机、心理学和哲学知识。人工智能是内涵十分广泛的科学，它由不同的领域组成，如机器学习、计算机视觉等。总体来说，人工智能研究的一个主要目标是使机器能够胜任一些通常需要人类智能才能完成的复杂工作。但不同的时代、不同的人对这种"复杂工作"的理解是不同的。

人工智能是研究使计算机模拟人的某些思维过程和智能行为（如学习、推理、思考、规划等）的学科，主要包括计算机实现智能的原理、制造类似人脑智能的计算机，使计算机能实现更高层次的应用。人工智能涉及计算机科学、心理学、哲学和语言学等学科，几乎涉及了自然科学和社会科学的所有学科，其范围已远远超出了计算机科学的范畴。人工智能与思维科学的关系是实践和理论的关系，人工智能处于思维科学的技术应用层次，是它的一个应用分支。从思维观点来看，人工智能不仅限于逻辑思维，还要考虑形象思维、灵感思维，才能促进人工智能的突破性发展。数学常被认为是多种学科的基础科学，数学也进入了语言、思维领域。数学不仅在标准逻辑、模糊数学等领域发挥作用，而且也进入了人工智能领域，它们将互相促进并更快速地发展。

 项目实现

　　本项目将介绍计算机的一些相关技术应用。

1. **多媒体技术**

　　多媒体技术是利用计算机对文本、图形、图像、声音、动画、视频等多种信息综合处理，建立逻辑关系和人机交互作用的技术。

　　真正的多媒体技术所涉及的对象是计算机技术的产物，而其他的单纯事物，如电影、电视、音响等，均不属于多媒体技术的范畴。

　　在计算机行业里，媒体有两种含义：一种是指传播信息的载体，如语言、文字、图像、视频、音频等；另一种是指存储信息的载体，如 ROM、RAM、磁带、磁盘、光盘等，主要的载体有 CD-ROM、VCD、网页等。多媒体是近几年出现的新生事物，正在飞速发展和完善之中。

　　多媒体技术中的媒体主要指前者，就是利用计算机把文字、图形、影像、动画、声音及视频等媒体信息都数位化，并将其整合在一定的交互式界面上，使计算机具有交互展示不同媒体形态的能力。它极大地改变了人们获取信息的方式，符合人们在信息时代的阅读方式。多媒体技术的发展改变了计算机的应用领域，使计算机由办公室、实验室中的专用品变成了信息社会的普通工具，广泛应用于工业生产管理、学校教育、公共信息咨询、商业广告、军事指挥与训练，甚至家庭生活与娱乐等领域，如图 1-15 所示。

图 1-15　多媒体技术

2．5G 技术

人们常说"4G 改变生活，5G 改变社会"，随着 5G 技术的发展，我们的社会、经济和工作、生活将发生翻天覆地的变化。

何谓 5G 技术？5G 技术即第五代移动通信技术（5th-Generation），简称 5G，它是最新一代蜂窝移动通信技术，也是 2G、3G 和 4G 系统的延伸。5G 的性能目标是高数据传输速率、低时延、节省能源、降低成本、提高系统容量和大规模设备连接，如图 1-16 所示。

图 1-16　5G 技术

5G 技术把运营商的服务区域划分成若干个"蜂窝"，通过蜂窝里的天线和自动收发器，把已经数字化的信号传给手机。用户如果游走在蜂窝的边缘，还可以与下一个蜂窝自动无缝衔接。这就是我们使用手机流量的基本原理。但 5G 技术已经不是那个想象中专门服务于手机的流量了，因为 5G 技术的传输速率可以达到每秒 10Gbit，是 4G 技术的 100 倍。如果 5G 技术全面铺开，那么"万物互联"将很容易实现，日常生活里的闹钟、垃圾桶、床、车，都会成为网络的一部分，在云计算的指挥下，智能设备将提醒你起床跑步、背单词、进行垃圾分类等，未来一切皆可无线连接。

5G 技术的特点主要表现在以下两个方面。

（1）数据传输速率最高可达 10Gbit/s，比 4G 技术快 100 倍。

（2）网络时延低于 1ms，具有更快的响应时间。

2019 年是 5G 技术的商用元年，我们的生活逐渐迈入 5G 时代。让我们展望 5G 时代的美好生活吧。

（1）早期的全息投影录像将成为现实，完全通过无线网络传输。

（2）5G 技术将为人工智能、无人驾驶、云技术等一系列高端信息技术铺路，让人类迎来许久未见的技术大爆发。

（3）在线就是现代工作环境的基础，一个不在线的人/企业，就是在工作中不存在的人/企业。大数据和云计算将会在 5G 技术的支撑下覆盖到每一个员工，将人、财、物、事等全面连接，实现真正的协同。

（4）视频电话会议进化成全息投影会议，由于 5G 网络的时延极小，全息投影的会议体验和面对面的会议几乎没有区别。

（5）扩大了远程协作的可能性，人们可以坐在家里，戴上头显设备，登录虚拟办公室，在虚幻又真实的空间里上班。

（6）利用 5G 网络的高传输速率和云端，绘图、编程、视频剪辑都可以远程一起实现，那种边画线稿边上色的协同方式即将实现。

（7）高级的办公人工智能变成现实，由 5G 技术支持的云端计算传能能力能让 AI 助理能力得到极大升级，实现多线程处理各项工作。

（8）机器人将有可能辅助专业外科医生为世界各地有需要的人实施手术。

（9）依托传输速率更高、时延更低的 5G 网络，车联网技术得到进一步发展，预计人类将在 2025 年全面实现自动驾驶汽车的量产。

3．区块链

区块链是一种由多方共同维护，使用密码学保证传输和访问安全，能实现数据一致存储，难以篡改，防止抵赖的记账技术，也称分布式账本技术。区块链具有去中心化透明性、可溯源性、不可篡改性 3 个特性，如图 1-17 所示。

图 1-17　区块链

区块链具有以下特点。

（1）从复式记账演进到分布式记账。

区块链打破原有复式记账模式，全网共享分布式账本，参与记账各方之间通过同步协调机制，保证数据不被篡改和具有一致性，规避复杂的多方对账过程。

（2）操作从"增、删、改、查"减少至"增、查"。

对于全网账本而言，区块链技术相当于放弃删和修两个操作，只保留增和查两个操作。通过区块和链表的"块链式"结构，以及对相应时间戳进行凭证固化，可以形成环环相扣、难以篡改的可信数据集合。

（3）单方维护变成多方维护。

区块链引入的分布式账本是一种多方共同维护，不存在单点故障的分布式信息系统。数据写入和同步不局限在一个主体范围内，需通过多方验证数据形成共识，再决定哪些数据可写入。

（4）从外挂合约发展为内置合约。

智能合约的出现基于事先约定规则，通过代码运行，独立执行协同写入，通过算法代码形成一种将信息流和资金流整合在一起的"内置合约"。

区块链应用可促进数据共享、优化业务流程、降低运营成本、提升协同效率、建设可信体系。区块链在教育、就业、养老、精准脱贫、医疗健康、商品防伪、食品安全、公益、社会救助等民生领域，可提供更加智能、便捷、优质的公共服务。区块链底层技术服务和新型智能城

市建设相结合，应用在信息基础设施、智慧交通、能源电力等领域，可提升城市管理的智能化、精准化水平。区块链技术可促进城市间在信息、资金、人才、诚信等方面更大规模的互联互通，保障生产要素在区域内有序高效地流动。

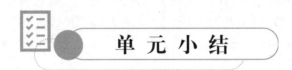

单 元 小 结

本单元共完成4个项目，学完后应该有以下收获。
- 了解信息技术的相关概念。
- 了解信息技术的发展阶段及趋势。
- 了解信息获取的方法及途径。
- 熟悉信息检索的技巧。
- 了解信息素养的培养。
- 掌握信息处理的过程。
- 了解信息社会的责任担当。
- 掌握新一代信息技术的发展情况及应用领域。

课 外 自 测

一、单选题

1．雅虎、谷歌和百度是具有全球影响力的互联网搜索引擎，其中百度搜索引擎属于_____。

    A．元搜索　　　B．垂直搜索　　　C．全文搜索　　　D．目录搜索

2．在超市购物时，收银员用条码扫描器扫描一下商品后，计算机屏幕上就会显示出商品价格。"扫描"商品的过程属于_____。

    A．加工信息　　　B．发布信息　　　C．获取信息　　　D．交流信息

3．根据学习小组的安排，小刘要到森林公园收集野生动物的生存状况资料，并制作一份演示文稿作品。他应该选择_____信息工具。

    A．数码相机、扫描仪　　　　　　　B．数码相机、数码摄像机

    C．普通相机、视频采集卡　　　　　D．普通相机、扫描仪

4．下列属于信息的是_____。

    A．报纸　　　B．电视机　　　C．天气预报　　　D．移动硬盘

5．李明因收到同学发来的"今天学校放假"的信息，没有到学校上课，结果旷课了。这件事主要体现的信息特征是_____。

    A．价值性　　　B．真伪性　　　C．时效性　　　D．共享性

6. 信息的_____体现在信息满足人们需要的程度。

　　A．价值性　　　　　B．可再生性　　　　C．可压缩性　　　　D．真伪性

7. "一传十，十传百"，体现了信息的_____。

　　A．真伪性　　　　　B．传递性　　　　　C．实效性　　　　　D．可处理性

8. 智能手机越来越人性化，当设定自动调整屏幕亮度后，若环境光线产生变化，则屏幕的亮度也会随之变化。这里采用的技术是_____。

　　A．微电子技术　　　B．信息技术　　　　C．通信技术　　　　D．传感技术

9. 3D 模拟仿真飞行器体现了信息技术_____的发展趋势。

　　A．多元化　　　　　B．网络化　　　　　C．智能化　　　　　D．虚拟化

10. 新一代信息技术不包括_____。

　　A．云计算　　　　　B．物联网　　　　　C．APP 应用　　　　D．人工智能

二、实操题

1. 简述区块链的概念和特点。

2. 练习输入指法。请在本地计算机上安装金山打字通软件，按照正确的指法要求练习键盘、英文、中文及特殊符号的输入，要求输入速度每分钟不低于 50 个汉字。

扩 展 阅 读

[1] 墨子沙龙. 奇妙量子世界[M]. 北京：人民邮电出版社，2020.

[2] 熊辉，赖家材. 党员干部 新一代信息技术[M]. 北京：人民出版社，2020.

使用和管理计算机

　　操作系统是一种特殊的用于控制计算机的程序。它是计算机底层的系统软件,负责管理、调度、指挥计算机的软硬件资源,使其协调工作,没有它,任何计算机都无法正常运行。它能够在用户和计算机硬件之间架起一座桥梁,一方面向用户提供友好的操作界面,另一方面向硬件提供管理复杂的各类设备的功能,使之能够有序、协作完成用户提交的作业任务。操作系统向下管理计算机硬件资源,向上面对用户提供友好接口,使得用户可以更方便地操作计算机。

　　Windows 10 操作系统是微软公司 2015 年推出的基于可视化窗口的多任务操作系统,它面向计算机和平板电脑用户,操作界面具有革命性的变化。该系统旨在让人们日常的计算机操作更加简单和快捷,为人们提供高效易行的工作环境。Windows 10 系统具有界面美观、系统性能稳定、更快速流畅的特点,在视觉效果、窗口管理、任务栏管理、文件管理和快速访问应用程序方面具有强大的能力。

项目 1
使用计算机

 项目描述

小李在入学时拥有了一台属于自己的计算机，但是对所装的 Windows 10 操作系统并不熟悉。为了能更快地熟练使用计算机，小李通过上网查找资料，学习 Windows 10 的新特性和功能，以便更好地管理自己的文件系统，高效地使用计算机上的各种资源，更好地进行人机交互。

 项目分析

在安装完 Windows 10 操作系统之后，了解 Windows 10 的桌面，熟悉 Windows 10 的工作环境及基本操作，通过设置个性化桌面，以及对任务栏和"开始"菜单的使用和鼠标、键盘的操作，能够快速控制和掌握属于自己的计算机。

相关知识

1．Windows 10 简介

1）Windows 10 的特点及功能

Windows 10 除具有图形用户界面操作系统的多任务、即插即用、多账户等特点外，还比以往版本拥有更友好的窗口设计、更方便快捷的操作环境。Windows 10 在用户的个性化、计算机的安全性、视听娱乐的优化、设置家庭及办公网络方面都有很大的改进，这些技术可使计算机的运行更加有效率且更加可靠。

2）Windows 10 的运行环境

Windows 10 操作系统对中央处理器、内存容量、硬盘、显卡等设备的最低 PC 硬件配置指标要求如下。

中央处理器：推荐使用英特尔 E5 四核处理器。

内存容量：至少 4GB。

硬盘容量：60GB 以上可用空间。

显卡：集成显卡 256MB 以上。

以上配置只是可运行 Windows 10 操作系统的最低指标要求，更高的配置可以明显提高运行性能。

2．系统的启动和退出

1）启动 Windows 10

连接显示器和主机电源，按下计算机上的"开机"键，当屏幕出现自启动内容时表示开机成功。

稍后会看到"欢迎"界面出现，此时屏幕上会显示用户建立的账户，单击用户图标进入系统，若有密码则输入密码后单击"登录"按钮进入 Windows 10 操作系统界面，如图 2-1 所示。

图 2-1　Windows 10 操作系统界面

2）退出 Windows 10

单击"开始"按钮，在打开的"开始"菜单中选择"关机"命令即可关闭计算机，退出 Windows 10 操作系统。

或者按"Alt+F4"组合键，选择"关机"选项，单击"确定"按钮，如图 2-2 所示。

图 2-2　关机界面

 专家点睛

Windows 10 操作系统为用户提供了 3 种方式来关闭计算机。

（1）"关机"：保存用户更改的所有设置，并将当前内存中的信息保存到硬盘中，然后关闭计算机电源。

（2）"待机"：将当前处于运行状态的数据保存在内存中，只对内存供电，下次唤醒时文档和应用程序还像离开时那样打开着，使用户能够快速开始工作。但是，如果待机过程中发生意外断电，则所有未保存的工作数据将全部丢失。

（3）"重新启动"：保存用户更改的 Windows 设置，并将当前内存中的信息保存到硬盘中，关闭计算机后重新启动。

3．Windows 10 桌面

启动后的 Windows 10 的工作界面即桌面，其组成如图 2-3 所示。

图 2-3　Windows 10 桌面的组成

Windows 10 桌面主要由桌面图标、"开始"按钮、任务栏、桌面背景组成。

1）桌面图标

桌面图标是代表文件、文件夹、程序和其他项目的小图片，如"此电脑"图标、"网络"图标、"用户的文件"图标、"控制面板"图标、"回收站"图标等。用户可以根据需要添加或删除桌面图标。

（1）向桌面上添加快捷方式。

找到要为其创建快捷方式的项目，右击该项目，在弹出的快捷菜单中选择"发送到"→"桌面快捷方式"命令，桌面上便添加了该项目的快捷方式，如图 2-4 所示。

（2）添加或删除常用的桌面图标。

Windows 10 默认桌面上只有回收站图标，若想添加其他桌面图标，如此电脑、用户的文件、控制面板、网络等图标（或删除所选桌面图标），操作步骤如下。

① 右击桌面的空白区域，在弹出的快捷菜单中选择"个性化"命令，打开"个性化"窗口。

图 2-4　添加的快捷方式

② 在左侧窗格中选择"主题"选项，在右侧窗格中单击"桌面图标设置"选项选择主题，如图 2-5 所示。

③ 在打开的"桌面图标设置"对话框中，根据需要勾选或取消勾选桌面图标复选框，如图 2-6 所示，设置后单击"确定"按钮即可。

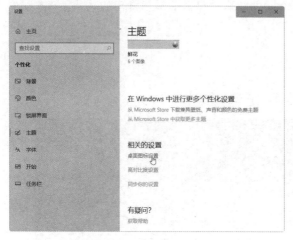

图 2-5 选择主题

图 2-6 桌面图标设置

（3）调整桌面图标的大小。

桌面图标的大小可以通过使用不同的视图来进行调整，操作步骤如下。

① 右击桌面的空白区域，在弹出的快捷菜单中选择"查看"命令。

② 在级联菜单中选择"大图标""中等图标""小图标"等命令来调整不同视图。

（4）显示或隐藏桌面图标。

右击桌面空白区域，在弹出的快捷菜单中选择"查看"命令，在其级联菜单中选择或取消"显示桌面图标"命令即可。

2）"开始"按钮

"开始"按钮位于桌面的左下角，单击该按钮会打开"开始"菜单，用户可以启动各种程序，如打开文件夹或文档，或者进行"关机""锁定""睡眠"等操作。

3）任务栏

任务栏位于桌面的底部。从左至右依次为"开始"按钮、快速启动区、程序按钮区、通知区和显示桌面按钮。

4）桌面背景

用户可以根据自己的喜好更改桌面背景。

4．窗口的组成

Windows 10 每启动一个程序就会生成一个程序窗口，同时在任务栏上产生一个按钮，程序、窗口、任务栏按钮基本上是一一对应的。操作系统启动几个程序，桌面上就产生几个窗口，任务栏上也就增加几个按钮。

Windows 窗口中最上方是标题栏，它由 3 部分组成，从左到右依次为快速访问工具栏、窗口内容标题和窗口控制按钮；在标题栏下方为功能区，很多内置程序使用功能区代替菜单栏和工具栏；其他部分包括导航区、导航窗格、搜索栏、内容窗格和状态栏，如图 2-7 所示。

图 2-7　Windows 窗口

5．窗口的操作

1）打开窗口

双击要打开的程序图标，或者右击程序图标，在弹出的快捷菜单中选择"打开"命令，即可打开程序窗口。

2）关闭窗口

方法 1：单击"关闭"按钮。

方法 2：按"Alt+F4"组合键。

方法 3：右击标题栏，在弹出的快捷菜单中选择"关闭"命令。

方法 4：在任务栏上展开要关闭的窗口列表，在列表中单击右侧的"关闭"按钮。

3）调整窗口的大小

若要改变窗口的尺寸，则需要将鼠标指针移到窗口的边框或角上，当鼠标指针变成双箭头时按住鼠标左键并拖动，窗口大小即被改变。

4）移动窗口

当窗口的大小没有被设为最大化或最小化时，可以将鼠标指针放在标题栏处，然后按住鼠标左键并拖动即可将窗口在桌面上移动。

5）切换窗口

方法 1：打开"我的电脑""用户的文档""网络"窗口，用鼠标切换，即单击窗口的组成部分，在这 3 个窗口之间进行切换。

方法 2：用键盘切换，按"Alt+Esc"、"Alt+Tab"或"Alt+Shift+Tab"组合键切换窗口。

6）对齐和排列窗口

Windows 10 提供了 3 种对齐和排列窗口的命令：层叠窗口、堆叠显示窗口、并排显示窗口。打开多个窗口，在任务栏的空白处右击，在弹出的快捷菜单中选择一种排列方式，并排显示窗口如图 2-8 所示。如果所有窗口都已经最小化到任务栏上，则以上排列命令将会被禁用。

图 2-8　并排显示窗口

用户还可以使用贴靠对齐功能（通过鼠标拖动窗口）来自动排列窗口。贴靠对齐功能是指在将窗口移动到紧靠屏幕边缘的位置上时，窗口大小会自动调整到相对于屏幕尺寸的某个特定比例。例如，拖动窗口标题栏到右贴靠点，贴靠点会出现波纹，窗口将最大化，将贴靠后的窗口拖离贴靠点后，窗口将恢复原来的大小。

6．对话框

对话框是一种执行特殊任务的窗口，通常无法最大化或最小化，用户必须在进行交互处理并关闭窗口后才能对窗口所属的程序继续操作。当用户执行了某个操作或选择了带"…"符号的菜单命令时，就会打开一个对话框。如图 2-9 所示为"字体"对话框。

图 2-9　"字体"对话框

7．Cortana（小娜）

Cortana（个人智能助理）是微软在机器学习和人工智能领域的尝试。它会记录用户的行为和使用习惯，利用云计算、必应搜索和非结构化数据分析、读取和学习包括计算机中的电子邮件、图片、视频等数据来了解用户的语义和语境，从而实现人机交互。启动 Cortana 需要先使用 Microsoft 账户登录 Windows 10 操作系统，Cortana 必须在接入互联网的计算机中使用。

在"开始"菜单的"所有应用"列表中（或"开始"界面的磁贴中）单击"Cortana"命令（或磁贴）即可启动 Cortana，之后按照步骤设置并使用即可。

 项目实现

本项目将通过定制个性化桌面，设置任务栏和"开始"菜单，使用鼠标、键盘和触摸屏，实现对计算机的基本操作。

1．定制个性化桌面

计算机显示器的分辨率是其性能的重要指标，它代表整个区域内包含的像素数量，分辨率越高，像素数量就越多，可视面积就越大，显示效果就越好。

定制个性化桌面

设置计算机显示器的分辨率为"推荐分辨率"，操作步骤如下。

（1）右击桌面空白处，在弹出的快捷菜单中选择"显示设置"命令，打开相应的设置窗口，在左侧窗格中选择"显示"选项，在右侧窗格"分辨率"下拉列表中选择"1920×1080（推荐）"选项，设置计算机显示器的分辨率，如图 2-10 所示。

图 2-10　显示设置

（2）单击窗口右上角的"关闭"按钮，关闭窗口，完成设置。

 专家点睛

Windows 10 操作系统提供了用于改善显示质量的辅助工具，包括对屏幕分辨率和刷新率、显示颜色及文本显示效果等方面的调整。

桌面背景指的是桌面启动后默认显示的背景图片。在 Windows 10 中，用户可以将其更改为指定的纯色、图片背景，或者多张图片的幻灯片放映背景。

设置计算机显示器的主题为"Windows 10"，操作步骤如下。

（1）右击桌面空白处，在弹出的快捷菜单中选择"个性化"命令，打开相应的设置窗口，在左侧窗格选择"主题"选项，在右侧窗格"应用主题"选区中选择"Windows 10"选项，如图 2-11 所示。

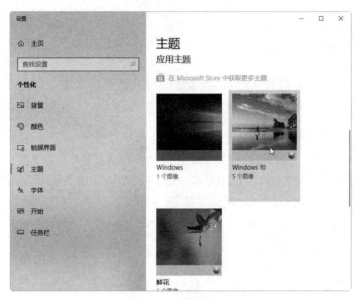

图 2-11　主题设置

（2）单击窗口右上角的"关闭"按钮 ❌，关闭窗口，完成设置。

 专家点睛

Windows 10 提供了 3 种预置主题，其名称分别为"Windows"、"Windows 10"和"鲜花"。

设置桌面背景为幻灯片放映，操作步骤如下。

（1）右击桌面空白处，在弹出的快捷菜单中选择"个性化"命令，打开相应的设置窗口，如图 2-12 所示。

（2）在左侧窗格选择"背景"选项，在右侧窗格"背景"下拉列表中选择"幻灯片放映"选项，如图 2-13 所示。

图 2-12　背景设置

图 2-13　选择"幻灯片放映"选项

（3）为幻灯片选择相册，单击"浏览"按钮，选择 Windows 预置图片中的"鲜花"相册文件（c:\Windows\Web\Wallpaper\鲜花），也可以浏览其他图片，单击"选择此文件夹"按钮。设置图片切换频率为"30 分钟"，将"无序播放"开关置为"开"状态，在"选择契合度"下拉列表中选择"填充"选项，如图 2-14 所示。

（4）单击窗口右上角的"关闭"按钮██，完成设置。

设置锁屏界面并进行屏幕超时设置，更改屏幕保护为"3D 文字"，操作步骤如下。

（1）在执行"个性化"命令打开的窗口的左侧窗格中选择"锁屏界面"选项，在右侧窗格"背景"下拉列表中选择"图片"选项，在预置图片中选择一张图片作为锁屏界面，或者单击"浏览"按钮选择其他图片，如图 2-15 所示。

（2）找到锁屏设置界面下方的"屏幕超时设置"选项，进入"电源和睡眠"设置界面，即可进行屏幕超时设置，如图 2-16 所示。

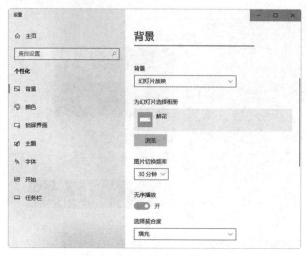

图 2-14　幻灯片放映背景设置

图 2-15　锁屏界面设置

图 2-16　屏幕超时设置

（3）在"锁屏界面"设置界面中选择"屏幕保护程序设置"选项，打开"屏幕保护程序设置"对话框，选择"3D 文字"选项，单击"应用"按钮后单击"确定"按钮，屏幕保护程序更改完毕，如图 2-17 所示。

图 2-17　屏幕保护程序设置

 专家点晴

锁屏界面和屏幕保护可以保护计算机隐私，是相对省电的待机方式。

Windows 10 操作系统为用户提供了 3 种关闭计算机的方式：睡眠、关机和重启。

更改计算机的图标，操作步骤如下。

（1）右击桌面的空白区域，在弹出的快捷菜单中选择"个性化"选项，打开相应的设置界面窗口。

（2）在左侧窗格中选择"主题"选项，在右侧窗格中选择"桌面图标设置"选项，打开"桌面图标设置"对话框，如图 2-18 所示。

（3）单击"更改图标"按钮，打开"更改图标"对话框，选择需要的图标，如图 2-19 所示。

（4）单击"确定"按钮，图标更改完成。

更改文字大小和主题颜色，操作步骤如下。

（1）右击桌面空白处，在弹出的快捷菜单中选择"个性化"命令，打开相应的设置界面窗口，在左侧窗格中选择"字体"选项，进入"字体"设置界面，如图 2-20 所示。

图 2-18　"桌面图标设置"对话框

图 2-19　"更改图标"对话框

图 2-20　"字体"设置界面

（2）在右侧窗格中选择一种字体，弹出该字体的"设置"界面，拖动滑块更改字体大小，如图 2-21 所示，单击"卸载"按钮可以卸载该字体。

（3）在"个性化"设置界面中选择左侧窗格的"颜色"选项，可以进行"颜色"设置，如在颜色色板中选择一种颜色来更改原来的主题颜色，如图 2-22 所示。

图 2-21 更改字体大小

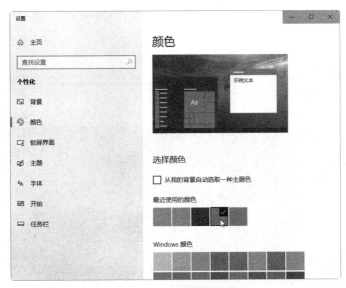

图 2-22 更改主题颜色

（4）单击窗口右上角的"关闭"按钮 ，完成更改。

2. 设置任务栏及"开始"菜单

1）任务栏的组成

设置任务栏及"开始"菜单

任务栏包含"开始"按钮、"搜索"按钮、"任务视图"按钮、快速启动区、活动任务区、通知区、显示桌面。默认情况下，任务栏以"条形栏"的形式出现在桌面底部，如图 2-23 所示。

图 2-23　任务栏

用户可通过任务栏实现程序间的切换，也可以隐藏任务栏，或者将其移至桌面的两侧或顶端。下面对任务栏的各组成部分进行介绍（"开始"按钮除外）。

（1）"搜索"按钮 ：单击该按钮将弹出搜索框，用户可以用它来搜索本地计算机中的文件或互联网中的信息。也可以打开应用程序，如输入"计算器"可打开计算器程序。

（2）"任务视图"按钮：Windows 10 的任务栏上新增了一个"任务视图"按钮，它是多任务和多桌面的入口。单击该按钮，在打开的"任务视图"界面中会列出当前计算机所有正在运行的程序，如图 2-24 所示。这样不仅可以快速地在打开的多个文件、软件和应用之间进行切换，而且可以在任务视图中新建桌面，将不同的程序分配到不同的"虚拟"桌面中，从而实现多个桌面下的多任务并行处理操作。

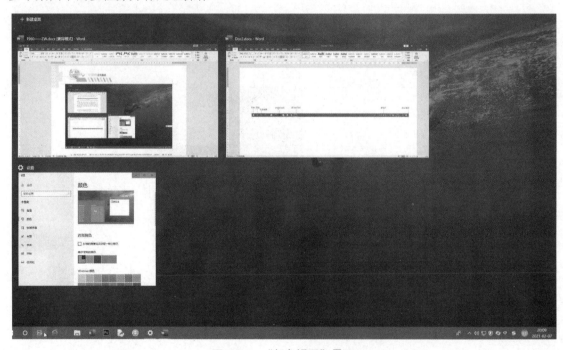

图 2-24　"任务视图"界面

 专家点睛

按"Alt+Tab"组合键可以切换窗口，按"Windows+Tab"组合键可以显示任务视图。

（3）快速启动区：单击该区域中的图标可快速启动相应的应用程序。快速启动区有 3 个默认的快速启动图标，它们是 Edge 浏览器、文件资源管理器和应用商店，另外，还可以放置多个快捷方式图标。

（4）活动任务区：该区域存放了当前所有打开窗口的最小化图标，正在被操作的窗口图标呈突出显示状态。可以通过单击图标实现窗口的切换。

（5）通知区：该区域也称系统托盘，是任务栏的一部分，位于任务栏最右侧，用于显示在后台运行的应用程序或其他通知，固定显示的图标有喇叭/耳机音量、日期和时间、键盘和语言、操作中心等。

（6）显示桌面：在任务栏最右侧有一个由"｜"符号分隔的区域，单击该区域将最小化所有打开的窗口，显示桌面内容。

调整任务栏的大小，操作步骤如下。

（1）将鼠标指针停在任务栏空白处，右击，在弹出的快捷菜单中选择"任务栏设置"命令，进行任务栏设置，如图 2-25 所示。

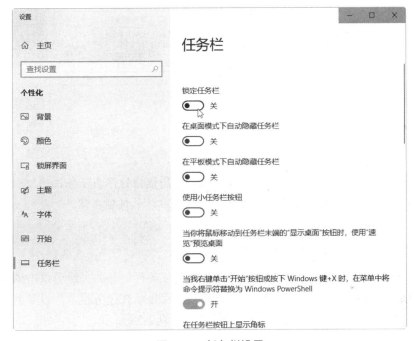

图 2-25　任务栏设置

（2）将"锁定任务栏"开关置于"关"状态，关闭窗口，或者在任务栏空白处右击，在弹出的快捷菜单中取消勾选"锁定任务栏"复选框。

（3）将鼠标指针停在任务栏的边框上，向上或向下拖动鼠标调整任务栏的大小，如图 2-26 所示。

图 2-26　调整后的任务栏

调整任务栏的位置，使其右侧显示并自动隐藏，操作步骤如下。

（1）在"任务栏"窗格中，将"任务栏在屏幕上的位置"设置为"靠右"，将"在桌面模式下自动隐藏任务栏"开关打开，如图 2-27 所示。

（2）关闭窗口，将任务栏移至屏幕右侧并自动隐藏。

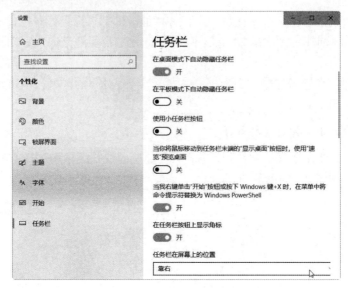

图 2-27　设置任务栏的位置

专家点睛

　　任务栏位置的调整也可以通过以下方法实现：将鼠标指针停在任务栏的空白处，按住鼠标左键不放并拖动任务栏向屏幕的四周移动，移到位置后释放鼠标左键。

　　隐藏或显示通知区域的图标，操作步骤如下。

　　（1）在"任务栏"窗格中，首先关闭"自动隐藏任务栏"开关，然后单击通知区的"选择哪些图标显示在任务栏上"选项，弹出"选择哪些图标显示在任务栏上"设置界面，打开要在通知区显示的图标开关，关闭要隐藏的图标开关，如图 2-28 所示。

图 2-28　设置通知区的图标

（2）单击通知区的"打开或关闭系统图标"选项，弹出"打开或关闭系统图标"设置界面，打开要在通知区显示的系统图标开关，关闭要隐藏的系统图标开关，如图 2-29 所示。

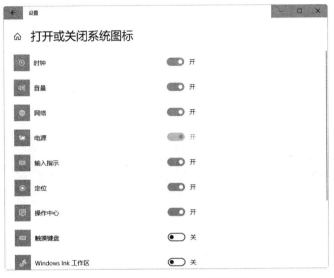

图 2-29　设置通知区的系统图标

（3）单击设置界面右上角的"关闭"按钮 ，完成设置。

 专家点睛

显示图标和通知：在任务栏中一直显示。

隐藏图标和通知：在任务栏中一直隐藏。

仅显示通知：有系统通知或消息才在任务栏中显示。

2）"开始"菜单的组成

"开始"菜单的组成

单击任务栏最左边的"开始"按钮 或按键盘上的 Windows 徽标键，弹出"开始"菜单。"开始"菜单可以完成 Windows 10 中的绝大部分操作，包括启动程序，打开文件夹，搜索文件、文件夹和程序，调整计算机设置，获取 Windows 10 操作系统的帮助信息，关闭计算机，切换用户，注销或锁定用户等。

Windows 10 的"开始"菜单由左侧的"开始菜单"区域和右侧的"开始屏幕"区域组成，如图 2-30 所示。

（1）"开始菜单"区域包括用户账户、常用应用程序列表及系统功能区，比较适合 PC 桌面环境的鼠标操作。

用户账户显示登录的当前用户账户名称，可以是本地账户，也可以是 Microsoft 账户。单击用户账户弹出操作面板，可以锁定、注销、更改账户设置，如图 2-31 所示。

常用应用程序列表中列出了最近常用的一部分程序和刚安装的程序，单击程序图标可以快速启动相应的程序，如图 2-32 所示。

图 2-30　"开始"菜单

系统功能区包括"文件资源管理器""设置""电源""所有应用"等功能图标。在"所有应用"列表中按英文字母顺序显示所有安装在 Windows 10 中的应用程序。单击排序字母可以显示排序索引，通过索引可以快速查找应用，如图 2-33 所示。

图 2-31　用户账户操作　　　　图 2-32　常用应用程序列表　　　　图 2-33　所有应用列表

（2）"开始屏幕"区域具有 Metro 风格，由多个磁贴组成，比较适合触屏操作。

"开始屏幕"区域中的图形方块称为磁贴或动态磁贴，其功能类似于快捷方式，不同的是，磁贴中的信息是活动的，显示最新的信息。例如，"新闻资讯"应用程序，其内容不断更新。

设置"开始"菜单，操作步骤如下。

（1）改变"开始屏幕"区域的列宽并添加磁贴。

拖动"开始屏幕"区域右侧边沿可改变列宽。在菜单命令上或"所有应用"子菜单命令上右击，在弹出的快捷菜单中选择"固定到'开始'屏幕"命令，如图 2-34 所示。

（2）磁贴组命名及磁贴操作。

单击磁贴组标题栏即可更改组名。单击磁贴可以启动相应的应用程序；右击磁贴，在弹出的快捷菜单中显示对该磁贴的所有操作。拖动磁贴可将其移至"开始屏幕"区域中的任意位置或分组内，如图 2-35 所示。

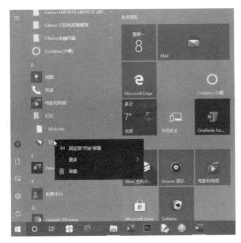

图 2-34 改变列宽并添加磁贴

图 2-35 磁贴组命名及磁贴操作

3．使用鼠标、键盘和触摸屏

鼠标、键盘和触摸屏是我们应用计算机的必要工具之一，只有学会了使用鼠标、键盘和触摸屏，才能更好地利用计算机为我们今后的学习和工作服务。

1）鼠标的组成和功能

鼠标主要包括 3 部分：滚轮、左键、右键，如图 2-36 所示。

左键单击：按一下鼠标左键立即释放，一般说到"单击"就是指单击鼠标左键。

右键单击：按一下鼠标右键立即释放，又称"右击"。

左键双击：快速、连续两次单击鼠标左键，又称"双击"。

指向：移动鼠标指针到屏幕的一个特定位置或特定对象。

拖动：选定拖动的对象，按住鼠标左键不放，移动鼠标指针到目的地松开鼠标左键。

左击一般用于选定、拖动、执行。右击用于弹出快捷菜单。

在浏览网页或文本时，通过拨动滚轮可以实现向前或向后浏览，也可以实现图片翻帧、让屏幕自动滚动、快速取得最佳视图等功能。

2）正确握鼠标的姿势

在使用鼠标时，应把右手食指和中指分别轻轻地放在左键和右键上，大拇指放在鼠标左侧，无名指和小指放在鼠标右侧，手掌自然地放在鼠标上。当我们移动右手时，鼠标指针也随之移动，如图 2-37 所示。对于滚轮，在使用时用食指轻轻按住并前后滚动。

使用鼠标进行以下练习。

● 用鼠标左键单击"我的电脑"图标。

- 用鼠标左键双击"回收站"图标。
- 用鼠标右键单击桌面空白处。
- 用鼠标左键按住"回收站"不放并拖动。
- 用鼠标将桌面图标摆成"中"字形。

图 2-36　鼠标

图 2-37　使用鼠标的姿势

3) 键盘简介

键盘是计算机重要的输入设备之一，包括主键盘区、功能键区、编辑键区、辅助键区和状态指示灯，如图 2-38 所示。

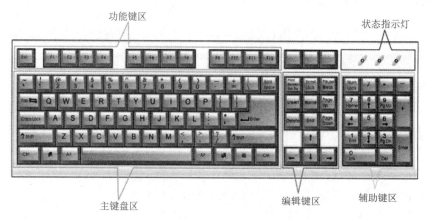

图 2-38　键盘区位

主键盘区除包含 26 个英文字母、10 个数字符号、各种标点符号、数学符号、特殊符号等字符键外，还有若干基本的功能控制键。

功能键区包含 F1～F12 功能键，主要用于扩展键盘的输入控制功能，各个功能键在不同的软件中通常有不同的作用。

编辑键区也称光标控制键区，主要用于控制或移动光标。

辅助键区也称数字键区，主要用于数字符号的快速输入。在数字键盘中，各个数字符号键的分布紧凑、合理，适合单手操作，在录入内容为纯数字符号的文本时，使用数字键盘比使用主键盘更方便，更有利于提高输入速度。

状态指示灯用来指示各区域的工作状态。

键盘上常用的功能键如图 2-39 所示。常用的功能键、组合键的功能如表 2-1 所示。

退格键（Backspace）：删除当前光标前面的字符。

删除键（Delete）：删除当前光标后面的字符。

大写键（CapsLock）：大写锁定键。

上档键（Shift）：输入双字符键上面的符号。

控制键（Ctrl）：辅助功能。

图 2-39 键盘常用的功能键

表 2-1 常用功能键、组合键的功能

功能键或组合键	功　能	功能键或组合键	功　能
Alt+Tab	在打开的各个窗口之间切换	Ctrl+Alt+Delete	强制关闭程序，结束任务
Ctrl+A	全部选取	Ctrl+X	剪切
Ctrl+C	复制	Ctrl+V	粘贴
Ctrl+Z	撤销	Ctrl+Esc	打开"开始"菜单
Shift+Delete	直接删除，不放入回收站	Delete	删除，放入回收站
Ctrl+空格	启动和关闭中文输入法	Ctrl+Shift	在各种输入法之间进行切换
Alt	激活菜单栏	Alt+F4	关闭应用程序窗口

4）使用键盘的姿势

开始打字之前一定要端正坐姿。如果坐姿不正确，则不但会影响打字的速度，还会容易疲劳、出错。正确的坐姿如下。

- 身子要坐正，双脚平放在地上。
- 肩部放松，上臂自然下垂。
- 手腕要放松，轻轻抬起，不要靠在桌子上或键盘上。
- 身体与键盘的距离，以两手刚好放在基本键上为准。

5）键盘指法

键盘指法是指如何运用 10 个手指进行击键的方法，规定每个手指的分工以充分调动 10 个手指发挥作用，并实现盲打，从而提高打字的速度。

输入时左右手的 8 个手指（除大拇指外），从左到右分别自然平放到如图 2-40 所示的 8 个键位上。

键位上。

图 2-40 键盘区位

 专家点睛

　　键盘上的"A""S""D""F""J""K""L"";"8 个键称为基本键，在打字时双手要放在这 8 个键上，如图 2-41 所示，正确的击键姿势如下。

- 端坐在椅子上，腰身挺直，全身保持自然放松状态。
- 视线基本与屏幕上沿保持在同一水平线。
- 两肘下垂轻轻地贴在腋下，手掌与键盘保持平行，手指稍微弯曲，大拇指轻放在空格键上，其余手指轻放在基本键位上。
- 击键要有节奏，力度要适中，击完非基本键后，手指应立即回至基本键。
- 空格键用大拇指侧击，右手小指击"Enter"键。

6) 如何成为打字高手

　　每个手指除指定的基本键外，还分工负责其他的字键，称为它的范围键，手指分工如图 2-41 所示。

图 2-41 手指分工图

专家点睛

　　指法练习技巧：左右手指放在基本键上；击完其他键后迅速返回原位；食指击键注意键位角度；小指击键力量保持均匀；数字键采用跳跃式击键。

　　初学打字，掌握适当的练习方法，对于提高自己的打字速度，从而成为一名速记高手是非常必要的，一定把手指按照分工要求放在正确的键位上，有意识地慢慢记忆键盘字符的位置，体会不同键位上字键被敲击时手指的感觉，逐步养成不看键盘输入的习惯。

　　指法的训练可以采取两个步骤来实施。第一个步骤：采用一般的指法训练软件（如金山打字通）练习盲打，使盲打字母的击键频率达到每分钟 300 键次。第二个步骤：进行看打或听打（录音）练习，要求击键准确，击键频率在每分钟 350 键次左右。

　　进行打字练习时必须集中注意力，充分做到手、脑、眼协调一致，尽量避免边看原稿边看键盘，这样容易分散注意力，初级阶段的练习即使速度很慢，也一定要保证输入的准确性。

 练习

　　和同学进行 300 字的打字比赛，看谁打字快。

7）触摸屏

　　如果计算机配置了触摸屏，就可以在触摸屏上通过使用触摸手势来进行 Windows 10 的操作，根据触摸操作时同时使用手指的数量，可以分为单指操作、双指操作、三指操作和四指操作，分别实现不同的功能。

项目 2
管理计算机

 项目描述

　　若计算机存储的文件杂乱无章，就会大大降低使用计算机的工作效率。本项目主要介绍如何管理计算机中的文件，让它更好地帮助我们进行学习、工作和生活。本项目主要包括文件及文件夹的基本操作、控制面板的设置，以及如何使用库和收藏夹来管理计算机。

 项目分析

首先我们通过 Windows 10 资源管理器对文件及文件夹进行管理，包括文件及文件夹的创建、复制、移动等操作。控制面板的设置包括显示属性、键盘和鼠标属性、日期和时间属性、输入法及网络属性等系统环境的配置。

 相关知识

1. 文件、文件夹

文件是存储在磁盘上的一组相关信息。在计算机中，一篇文档、一幅图画、一段声音等都是以文件的形式存储在计算机的磁盘中的。

文件夹是存放文件的场所，用于存储文件或低一层文件夹。文件夹可以存放文件、应用程序或其他文件夹。为了便于管理大量的文件，Windows 10 使用文件夹组织和管理文件，如图 2-42 所示。

图 2-42　文件和文件夹

 专家点睛

人们利用计算机所输入的文档、声音、图形图像、视频等信息以计算机文件的形式保存在计算机的存储设备里，以文件夹的形式对其进行分类存放和管理。

2. 文件或文件夹的操作

在用计算机整理文件的过程中，主要涉及的操作有文件或文件夹的创建、重命名、移动、复制、删除、查找、修改文件属性等。这些操作可以通过以下 6 种方式来完成。

- 通过资源管理器窗口的菜单命令；
- 通过资源管理器窗口的工具栏命令按钮；
- 通过操作对象的快捷菜单命令；
- 在资源管理器和"我的电脑"窗口中拖动；
- 通过快捷菜单的发送方式；
- 通过组合键。

1）创建新文件、文件夹

方法 1：可以在资源管理器窗口的"主页"菜单中选择"新建文件夹"命令创建新的文件夹，选择"新建项目"命令创建文件夹或某个文件类型的文件，如图 2-43 所示。

方法 2：在资源管理器窗口工作区域的空白处右击，在弹出的快捷菜单中选择"新建"命令，在弹出的级联菜单中选择要新建的文件或文件夹，也可以创建文件或文件夹。

方法 3：按"Ctrl+Shift+N"组合键在当前的磁盘位置创建文件夹。

 专家点睛

新建的文件夹不占用内存空间。

2）重命名文件、文件夹

用户可以根据需要更改已经命名的文件或文件夹的名称。更改文件或文件夹名称的方法有 3 种。

方法 1：用鼠标不连续地双击某个文件或文件夹，即用鼠标单击选定该文件或文件夹后，再单击该文件或文件夹的名称即可进行更改。

方法 2：右击选中的文件或文件夹，在弹出的快捷菜单中选择"重命名"命令，如图 2-44 所示。

图 2-43　新建文件或文件夹

图 2-44　重命名文件或文件夹

方法3：选中文件或文件夹，然后按快捷键"F2"更改名称。

 专家点睛

在更改文件或文件夹名称时要注意：在相同目录下不能有相同名称的文件或文件夹，因此在更改名称时要注意不能与同一文件中的文件或文件夹名称相同。文件的名称包含两个部分，一部分是文件的名称，一部分是文件的扩展名，在更改文件的名称时只更改文件的名称部分，而扩展名部分则要保留，不能把扩展名也更改或删除，否则会导致文件不可用。

3）选择文件和文件夹

（1）选择单个文件或文件夹。

用鼠标单击所需要的文件或文件夹即可。

（2）选择连续的文件或文件夹。

当用鼠标选择连续的文件或文件夹时，先在单击要选择的第一个文件或文件夹后按住"Shift"键，再单击要选择的最后一个文件或文件夹，则以所选第一个文件或文件夹与最后一个文件或文件夹为对角线的矩形区域内的所有文件或文件夹被选定。

（3）选择不连续的文件或文件夹。

先单击要选择的第一个文件或文件夹，然后按住"Ctrl"键，再单击其他要选定的文件或文件夹。

（4）选择全部文件或文件夹。

在"主页"菜单中选择"全部选择"命令，或按"Ctrl+A"组合键可选择全部文件或文件夹。

（5）反向选择文件或文件夹。

在"主页"菜单中选择"反向选择"命令即可选择已经被选定的文件或文件夹以外的文件和文件夹。

（6）撤销选择文件或文件夹。

在"主页"菜单中选择"全部取消"命令，或者单击文件或文件夹所在位置的任意空白处。

4）复制文件或文件夹

方法1：右击要复制的文件或文件夹，在弹出的快捷菜单中选择"复制"命令（"Ctrl+C"组合键），到目标位置的空白区域单机鼠标右键，在弹出的快捷菜单中选择"粘贴"命令（"Ctrl+V"组合键）即可，如图2-45所示。

方法2：单击源文件夹或盘符（即复制前文件所在的文件夹）选定要复制的文件或文件夹；在按住"Ctrl"键的同时，把所选内容拖到目标文件夹（即复制后文件所在的文件夹）即可。

图2-45 文件或文件夹的复制、移动、粘贴

方法3：选择要复制的文件或文件夹，选择"主页"菜单中的"复制到"命令，如图2-46所示。

图2-46　复制文件或文件夹

5）移动文件或文件夹

方法1：选择要移动的文件或文件夹，在图标上按住鼠标左键，拖动到目标位置即可。

方法2：右击要移动的文件或文件夹，在弹出的快捷菜单中选择"剪切"命令（"Ctrl+X"组合键），到目标位置空白处单击鼠标右键，在弹出的快捷菜单中选择"粘贴"命令（"Ctrl+V"组合键）即可。

方法3：选择要移动的文件或文件夹，选择"主页"菜单中的"移动到"命令。

6）删除文件或文件夹

（1）逻辑删除。

方法1：选定要删除的文件或文件夹，拖动鼠标将其拖至回收站中。

方法2：选定要删除的文件或文件夹，选择"主页"菜单的"删除"命令，或按"Delete"键删除。

方法3：右击要删除的文件或文件夹，在弹出的快捷菜单中选择"删除"命令。

（2）彻底删除

第1步：选定要删除的文件或文件夹。

第2步：在按住"Shift"键的同时，选择"主页"菜单的"删除"命令，或者按"Shift+Delete"组合键删除。

第3步：在打开的对话框中单击"是"按钮。

7）恢复文件或文件夹

双击"回收站"图标，打开"回收站"窗口，选择"管理"菜单中的"还原所有项目"命令。或者先选中要还原的文件或文件夹，再选择"管理"菜单的"还原选定的项目"命令。

 专家点睛

剪贴板是内存中的一块区域，是 Windows 10 内置的一个非常有用的工具，用来临时存放数据信息。回收站主要用来存放用户临时删除的文档资料，存放在回收站的文件可以恢复。回收站是一个特殊的文件夹，默认在每个硬盘分区根目录下的 Recycler 文件夹中，该文件夹是隐藏的。

8）查看和设置文件或文件夹属性

每一个文件或文件夹都有一定的属性信息，并且对于不同的文件类型，其属性对话框中的信息也各不相同，如文件夹的类型、文件路径、占用的磁盘空间、修改时间和创建时间等。在Windows 10 中，一般一个文件或文件夹都包含只读、隐藏、存档几个属性。如图 2-47 所示的是文件的属性对话框。

其中，在"属性"选区中，选择不同的选项可以更改文件的属性。

只读：文件或文件夹只可以阅读，不可以编辑或删除。

隐藏：指定文件或文件夹隐藏或显示。

操作方法：选择要设置的文件或文件夹，选择"查看"菜单下的"属性"命令，或右击文件或文件夹，在弹出的快捷菜单中选择"属性"命令，即可设置或取消相关属性。

 专家点睛

对属性为隐藏的文件或文件夹进行操作时要先将隐藏的项目显示出来，可通过勾选"查看"菜单的"隐藏项目"复选框进行。

9）查找文件或文件夹

当用户忘记了文件或文件夹存放的位置时，可以通过 Windows 10 的搜索功能找到文件或文件夹。

方法 1：在资源管理器或"我的电脑"窗口中的搜索框中输入搜索内容，该方法适合在指定磁盘位置查找文件。

方法 2：在任务栏左侧，单击搜索按钮，在弹出的搜索框中输入搜索内容，此时在上方会有相应的搜索结果，该方法适合在计算机或网络上查找文件或文件夹，如图 2-48 所示。

图 2-47 文件的属性对话框

图 2-48 查找文件或文件夹

10）文件夹选项设置

在 Windows 10 中，可以使用多种方式查看窗口中的文件列表。选择"文件"菜单的"选项"命令可以打开"文件夹选项"对话框，利用该对话框即可进行文件夹选项设置。在"文件夹选项"对话框中有 3 个选项卡："常规""查看""搜索"。下面主要介绍"常规"和"查看"选项卡。

（1）"常规"选项卡。

"浏览文件夹"选区：用于指定所打开的每一个文件夹是使用同一窗口还是分别使用不同窗口。

"按如下方式单击项目"选区：用于选择以何种方式打开窗口或桌面上的选项，即选择是单击打开项目还是双击打开项目。

"隐私"选区：指定在快速访问区中显示最近使用的文件还是常用文件。

单击"清除"按钮可以清除资源管理器的历史记录。

单击"还原为默认值"按钮可以使设置返回系统默认的方式，如图 2-49 所示。

（2）"查看"选项卡。

该选项卡控制计算机上所有文件夹窗口中文件夹和文件的显示方式。它主要包含"文件夹视图"选区和"高级设置"选区两部分。

"文件夹视图"选区：此处包含两个按钮，它们分别可以使所有的文件夹的外观保持一致；单击"应用到文件夹"按钮可以使计算机上的所有文件夹与当前文件夹有类似的设置；单击"重置文件夹"按钮，系统将重新设置所有文件夹（除工具栏和 Web 视图外）为默认的视图设置。

"高级设置"选区：在该列表框中主要包含"导航窗格"列表和"文件和文件夹"列表两部分。"导航窗格"列表用于设置始终显示的内容；"文件和文件夹"列表中以复选框形式进行设置，这里有"记住每个文件夹的视图设置"复选框、"在标题栏显示完整路径"复选框、"隐藏已知文件类型的扩展名"复选框、"鼠标指向文件夹和桌面项时显示提示信息"复选框等，如图 2-50 所示。

图 2-49　"常规"选项卡

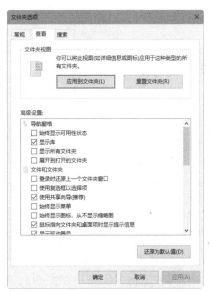

图 2-50　"查看"选项卡

在"隐藏文件和文件夹"列表中有两个单选按钮，可以指定隐藏文件或文件夹是否在该文件夹的文件列表中显示。

11）Windows 10 中的库

（1）认识 Windows 10 中的库。

"库"的全名叫"程序库（Library）"，是指一个可供使用的各种标准程序、子程序、文件及它们的目录等信息的有序集合。

（2）库的启动方式。

在 Windows 10 中，"库"的启动方式是：打开"我的电脑"窗口，单击左侧导航栏中的"库"选项即可启动库，如图 2-51 所示。

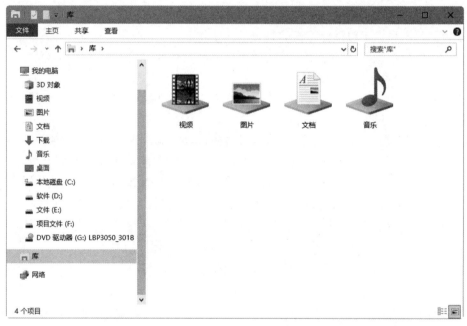

图 2-51　"库"窗口

（3）库的类别。

文档库：用来组织和排列文字处理文档、电子表格、演示文稿及其他与文本有关的文件。

音乐库：用来组织和排列数字音乐，如从音频 CD 翻录或从 Internet 下载的歌曲。

图片库：用来组织和排列数字图片，图片可从数字照相机、扫描仪或网络中获取。

视频库：用来组织和排列视频，视频可来自数字照相机、数字摄像机及网络等。

12）快速访问区

快速访问区是 Windows 10 的一项新功能，它会自动记录用户的操作，把最近用户常用的文件夹、位置和最近使用过的文件显示在快速访问区中，以方便用户能够快速打开它们。在导航窗格中，默认显示 4 个常用文件夹，分别是"桌面""下载""文档""图片"，并固定在快速访问区中，"快速访问"窗口如图 2-52 所示。

图 2-52　"快速访问"窗口

随着文件夹使用次数的变化，快速访问区中的文件夹会动态更换。用户若要添加对象到快速访问区，则可以右击对象，在弹出的快捷菜单中选择"固定到'快速访问'"命令即可。

3. 文件名、文件类型

为了存取保存在磁盘中的文件，每个文件都必须有一个名称——文件名。文件名由主文件名和扩展名组成，扩展名表示文件的类型，如表 2-2 所示。

表 2-2　扩展名及文件类型

图　标	扩　展　名	文　件　类　型	图　标	扩　展　名	文　件　类　型
	.exe	应用程序		.bmp	位图文件
	.com	应用程序		.txt	文本文件
	.sys	系统文件		.docx	Word 文档文件
	.bat	批处理文件		.xlsx	电子表格文件
	.dll	动态链接库文件		.pptx	演示文稿
	.ini	系统配置文件		.avi	多媒体文件
	.hlp	帮助文件		.htm	网页文件

61

文件名的命名规则如下。

- 文件名的长度可达 255 个字符（包括驱动器和完整路径信息）。
- 一个文件有 3 个字符的文件扩展名，用以标识文件类型：.exe、.com、.txt、.bmp。
- 文件名或文件夹中不能出现以下字符：<、>、/、\、:、、*、?、、|。
- 文件名和文件夹名可以使用汉字（每个汉字相当于两个英文字符）。
- 可以使用包含多个分隔符的名字，如 this is a file.sub.txt。
- 在查找时可以使用通配符 "*" 和 "?"。
- 文件类型可以分为可执行文件和数据文件。

可执行文件的内容是可以被计算机识别并执行的指令，这类文件主要是一些应用软件。常见的扩展名是 ".exe"。

数据文件是能够被计算机处理、加工的各种数字化信息，但必须借助相关的应用软件才能打开。常见的类型有文本信息、图片信息、声音信息、视频信息等。

 项目实现

1. 管理文件和文件夹

在"我的电脑"的 E 盘根目录下创建文件夹"E1"和"E2"，操作步骤如下。

管理文件和文件夹

（1）双击桌面上"我的电脑"图标，打开"我的电脑"窗口，再双击 E 盘图标，打开 E 盘窗口。

（2）右击 E 盘窗口空白处，在弹出的快捷菜单中选择"新建"→"文件夹"命令，如图 2-53 所示。

图 2-53　新建文件夹

（3）窗口中增加了一个名字为"新建文件夹"的新文件夹，这时候它的名称的背景颜色为蓝色，输入文件夹名"E1"。

（4）用同样的方法建立文件夹"E2"。

专家点睛

在"我的电脑"窗口中包含本地磁盘驱动器，一般来说有本地磁盘 C、本地磁盘 D、本地磁盘 E、本地磁盘 F 和本地磁盘 G 共 5 个驱动器，如图 2-54 所示。任意双击打开一个驱动器都可以浏览其所包含的文件和文件夹。

图 2-54　本地磁盘驱动器

在"E1"文件夹里新建 Word 文件，文件名为"my.docx"，文件内容为"hello，my friend"，操作步骤如下。

（1）通过"我的电脑"图标打开 E 盘的"E1"文件夹窗口。

（2）右击窗口的空白处，在弹出的快捷菜单中选择"新建"命令或选择"主页"→"新建项目"命令，再在子菜单中选择"Microsoft Word Document"命令，如图 2-55 所示。

图 2-55　新建 Microsoft Word 文档

（3）"E1"文件夹中增加了一个名字为"新建文本文档.docx"的新文件，这时候它的名称的背景颜色为蓝色，输入文件名"my.docx"。

（4）双击"my.docx"文档图标，打开文档窗口，输入"hello，my friend"，单击"关闭"按钮，在弹出的对话框单击"保存"按钮。

把"E2"文件夹重命名为"mydir"，操作步骤如下。

（1）双击桌面上"我的电脑"图标，打开"我的电脑"窗口，再双击 E 盘图标，打开 E 盘窗口。

（2）右击"E2"文件夹，在弹出的快捷菜单中选择"重命名"命令，这时原来的名字背景变为蓝色。

（3）输入新名字"mydir"后，按"Enter"键或在输入框外单击鼠标左键完成输入，如图 2-56 所示。

图 2-56　重命名文件夹

把"E1"文件夹中的"my.docx"文件复制到"mydir"文件夹中，操作步骤如下。

（1）打开"my.docx"文件所在的文件夹"E1"。

（2）选中"my.docx"文件，右击，在弹出的快捷菜单中选择"复制"命令，或者选择"主页"→"复制"命令。

（3）打开目标文件夹"mydir"。

（4）右击窗口的空白处，在弹出的快捷菜单中选择"粘贴"命令，或者选择"主页"→"粘贴"命令。

把 mydir 文件夹移动到 D 盘根目录下，操作步骤如下。

（1）打开 E 盘根目录。

（2）选中"mydir"文件夹，右击，在弹出的快捷菜单中选择"剪切"命令，或者选择"主页"→"剪切"命令，打开目标文件夹 D 盘窗口。

（3）右击窗口的空白处，在弹出的快捷菜单中选择"粘贴"命令，或者选择"主页"→"粘贴"命令。

删除 D 盘根目录下的"mydir"文件夹，操作步骤如下。

（1）打开 D 盘窗口，选中"mydir"文件夹，右击，在弹出的快捷菜单中选择"删除"命令，或者选择"主页"→"删除"命令。

（2）在弹出的对话框中单击"是"按钮，如图 2-57 所示。

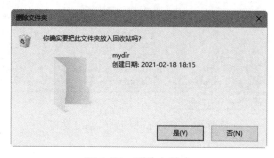

图 2-57　删除文件夹

专家点晴

不论采用哪种方法，系统都会打开一个确认文件删除或确认文件夹删除的提示对话框，如图 2-57 所示。如果确定删除，则单击"是"按钮，否则单击"否"按钮。

恢复刚删除的"mydir"文件夹，操作步骤如下。

（1）双击桌面上的"回收站"图标，打开"回收站"窗口。

（2）选中"mydir"文件夹。

（3）右击，在弹出的快捷菜单中选择"还原"命令，如图 2-58 所示。

设置 E1 文件夹中的"my.docx"文件为隐藏文件，操作步骤如下。

（1）打开要设置属性的文件所在的"E1"文件夹。

（2）右击"my.docx"文件，在弹出的快捷菜单中选择"属性"命令，打开文件属性对话框。

（3）勾选"隐藏"复选框，如图 2-59 所示。

（4）单击"应用"按钮或"确定"按钮。

图 2-58　还原删除的文件夹

图 2-59　文件的属性对话框

显示 E 盘已知文件扩展名和所有隐藏文件，操作步骤如下。

（1）打开 E 盘文件窗口。

（2）展开"文件"菜单选择"更改文件夹和搜索选项"命令，打开"文件夹选项"对话框，如图 2-60 所示。

（3）单击"查看"选项卡，在"高级设置"列表框中选中"显示隐藏的文件、文件夹和驱动器"单选按钮，取消勾选"隐藏已知文件类型的扩展名"复选框，如图 2-61 所示。

（4）单击"应用"按钮或"确定"按钮。

图 2-60 "文件夹选项"对话框

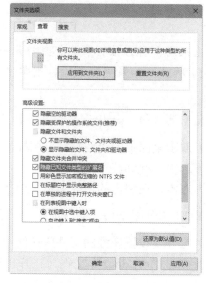

图 2-61 "查看"选项卡

 专家点睛

文件的显示方式：Windows10 为用户提供了 8 种显示方式，分别为"超大图标""大图标""中等图标""小图标""列表""详细信息""平铺""内容"。打开窗口中的"查看"菜单，便可以看到各种显示方式，如图 2-62 所示。用户也可以单击工具栏上的按钮，再从弹出的菜单中选择一种显示方式。

以不同的方式排列文件：在浏览窗口内容时，用户除使用不同的方式显示文件外，还可以使用不同的方式排列文件。在"查看"菜单中的"排序方式"子菜单中可以选择不同的方式，一般情况下有 4 种排序方式："名称""修改时间""类型""大小"，如图 2-62 所示。当用户需要以不同的方式显示文件或以不同的方式排列文件时，还可以右击窗口工作区域的空白处，在弹出的快捷菜单中选择相应的显示方式或排列方式实现。

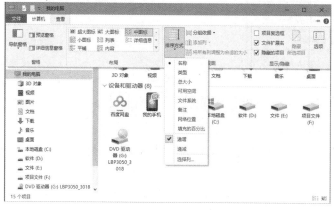

图 2-62 文件的显示方式和排序方式

2．控制面板

控制面板是用来对系统进行设置的一个工具集，用户可以根据个人爱好来定制属于自己的工作环境，以便更有效地使用系统。

控制面板

打开控制面板有以下 4 种方法。

方法 1：单击任务栏"开始"按钮，在弹出的"开始"菜单中展开"Windows 系统"选项列表，选择"控制面板"选项，如图 2-63 所示，即可打开"控制面板"窗口，如图 2-64 所示。

图 2-63　开始菜单　　　　　　　　　图 2-64　　"控制面板"窗口

方法 2：单击任务栏"开始"按钮，在弹出的"开始"菜单中单击"设置"按钮，打开"设置"窗口。在"搜索框"中输入"控制面板"，搜索控制面板，如图 2-65 所示，单击搜索结果中的"控制面板"选项即可打开"控制面板"。

方法 3：单击任务栏的"搜索"按钮，显示"搜索"框，输入"控制面板"，单击上面的"控制面板"选项，如图 2-66 所示，即可打开控制面板。

图 2-65　"设置"窗口　　　　　　　　　图 2-66　"搜索"框

方法 4：右击"我的电脑"图标，在弹出的快捷菜单中选择"属性"命令，打开"系统"窗口，如图 2-67 所示。单击左侧导航栏上的"控制面板主页"链接，即可打开控制面板。

图 2-67　"系统"窗口

创建一个用户名为"mycomputer"的标准用户，操作步骤如下。

（1）右击"我的电脑"图标，在弹出的快捷菜单中选择"管理"命令，打开"计算机管理"窗口，单击导航窗格中的"本地用户和组"选项，如图 2-68 所示。

（2）双击中间窗格的"用户"文件夹展开本地用户，右击空白处，在弹出的快捷菜单中选择"新用户"命令，如图 2-69 所示，打开"新用户"对话框。

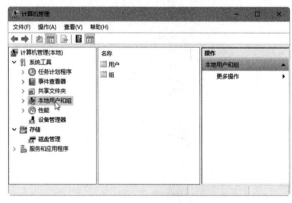

图 2-68　"计算机管理"窗口

图 2-69　展开本地用户

（3）在"用户名"输入框中输入新用户的名字"mycomputer"，并设置密码，如图 2-70 所示。单击"创建"按钮，创建名为"mycomputer"的新用户，如图 2-71 所示。创建完成后，单击"开始"按钮，在打开的"开始"菜单中选择"重启"命令，选择用户名为"mycomputer"的用户账户，进入 Windows 操作系统。

图 2-70　"新用户"对话框

图 2-71　创建新用户

 专家点睛

Windows 10 是一个多用户操作系统，用户账户的作用是给每一个使用这台计算机的人设置一个满足个性化需求的工作环境，这样多个人使用一台计算机就不会互相干扰，每个人也可以按照自己的需要来设置计算机属性。Windows 10 为用户设置了 3 种不同类型的账户，分别是管理员账户、标准账户和来宾账户，它们各自的权限不一样。

（1）管理员账户。

用户可以随意浏览、更改、删除计算机中的信息、程序，是拥有最高权限的用户。

（2）标准账户。

用户只能浏览、更改自己的信息、图片，但是在进行一些会影响其他用户或安全的操作（如添加/删除程序）时，需要经过管理员的许可。

（3）来宾账户。

供那些没有创建用户的人临时使用。

设置系统输入法：
① 添加"微软五笔"输入法。
② 删除"不可用的输入法"。
③ 更改"微软拼音"输入法的表情包组合键为"Ctrl+Shift+Q"。

操作步骤如下。

（1）单击"开始"按钮，打开"开始"菜单，选择"设置"命令，打开"设置"窗口，选择"时间和语言"选项，打开"时间和语言"窗口。

（2）选择左侧窗格的"区域和语言"选项，在"区域和语言"窗格中选择"中文（中华人民共和国）"选项，单击"选项"按钮，如图 2-72 所示。

（3）在打开的中文设置窗口中，在"键盘"选区可以添加或删除输入法。单击"添加键盘"按钮，在弹出的下拉列表中选择"微软五笔"选项，如图 2-73 所示，即可添加"微软五笔"输入法。

图 2-72　"区域和语言"窗格

图 2-73　添加"微软五笔"输入法

（4）选择"不可用的输入法"选项，在展开的区域单击"删除"按钮，如图 2-74 所示，即可删除"不可用的输入法"。

（5）选择"微软拼音"选项，在展开的区域单击"选项"按钮，打开"微软拼音"的设置窗口，如图 2-75 所示，可以对该输入法进行常规、外观、按键等设置。

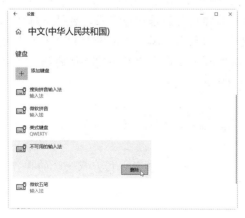

图 2-74　删除输入法

图 2-75　"微软拼音"设置窗口

（6）选择"按键"选项，打开"按键"设置窗口，设置表情组合键为"Ctrl+Shift+Q"，如图 2-76 所示。

（7）返回到中文设置窗口，中文输入法设置结果如图 2-77 所示。

图 2-76　设置表情组合键

图 2-77　输入法设置结果

　　用户在使用计算机的时候往往要输入汉字，那么就需要用到输入法，用户要用好某种输入法，还需要设置相应的输入法属性，如在 Windows 中把一些不经常用的输入法删除、设置快捷键等，这样可大大缩短切换输入法的时间。

设置浏览器主页为默认页及退出时清除历史记录，操作步骤如下。

（1）打开"控制面板"窗口，选择"网络和 Internet"选项组中的"Internet"选项，打开"Internet 属性"对话框，如图 2-78 所示。

（2）选择"常规"选项卡，在"主页"选区中单击"使用默认值"按钮，在"浏览历史记录"选区中勾选"退出时删除浏览历史记录"复选框，单击"浏览历史记录"选区中的"删除"按钮，如图 2-79 所示。

图 2-78　"Internet 属性"对话框

图 2-79　"删除"按钮

（3）在打开的"删除浏览的历史记录"对话框中，勾选"保留收藏夹网站数据""临时

Internet 文件和网站文件""Cookie 和网站数据""历史记录"复选框，然后单击"删除"按钮，如图 2-80 所示。

图 2-80　删除浏览的历史记录

 专家点睛

如果删除了 Cookie 文件，则需要用户在再次使用时输入曾经在网页上保存过的密码。

图 2-81　格式化磁盘

3. 系统工具的使用

系统工具的使用

磁盘格式化的操作步骤如下。

（1）右击要格式化的磁盘，在弹出的快捷菜单中选择"格式化…"命令。

（2）在打开的格式化对话框中，选择文件系统的类型，输入卷标名称，如图 2-81 所示。

（3）单击"开始"按钮，即可格式化该磁盘。

磁盘清理的操作步骤如下。

（1）单击"开始"按钮，打开"开始"菜单，选择"Windows管理工具"→"磁盘清理"命令。

（2）在打开的"磁盘清理：驱动器选择"对话框中，选择待清理的驱动器，如图 2-82 所示。

（3）单击"确定"按钮，系统自动进行磁盘清理操作。

（4）磁盘清理完成后，在磁盘清理结果对话框中，勾选要删除的文件，单击"确定"按钮，即可完成磁盘清理操作，如图 2-83 所示。

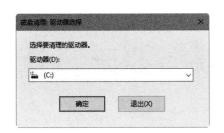

图 2-82　"磁盘清理：驱动器选择"对话框

图 2-83　磁盘清理

磁盘碎片整理的操作步骤如下。

碎片整理有利于程序运行速度的提高。

（1）单击"开始"按钮，打开"开始"菜单，选择"Windows 管理工具"→"碎片整理和优化驱动器"命令。

（2）在打开的"优化驱动器"窗口中，选择待整理的驱动器，这是 Windows 10 磁盘碎片整理工具的位置，如图 2-84 所示，然后单击"优化"按钮。

（3）系统开始对指定的磁盘进行磁盘碎片情况分析，并进行磁盘碎片整理，如图 2-85 所示。如果中途需要停止整理，则可以单击"停止"按钮。

图 2-84　"优化驱动器"窗口

图 2-85　磁盘碎片整理

4．使用库

文件管理的主要形式是以用户的个人意愿为主的，通常用文件夹作为基

使用库

础分类形式进行存放,再按照文件类型进行细化。但随着文件数量和种类的增多,加上用户行为的不确定性,原有的文件管理方式往往会产生文件存储混乱、重复文件多等情况,已经无法满足用户的实际需求。在 Windows 10 中,由于引进了"库",文件管理更方便,可以通过把本地的文件添加到"库",把文件收藏起来。

使用库,可以访问各个位置的文件夹,这些位置可以是计算机或外部硬盘。选择"库"选项并将"库"窗口打开后,包含在库中的所有文件夹中的内容都将显示在文件列表中。

新建一个名为"资料"的库,操作步骤如下。

(1)打开"我的电脑"窗口,右击"库"选项,在弹出的快捷菜单中选择"新建"→"库"命令,在"库"节点下方新建一个库,输入新库名"资料"。

(2)在导航窗格中单击"库"选项,右侧窗格中就可以看到新建的"资料"库,如图 2-86 所示。

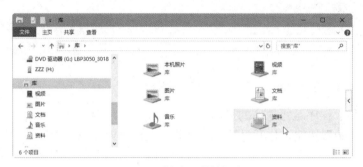

图 2-86　新建"资料"库

专家点睛

如要查看已包含在库中的文件夹,则双击库名称将其展开,此时将在库中列出其所包含的文件夹。

将文件夹添加到库,操作步骤如下。

(1)双击打开新建的"资料"库,单击"包括一个文件夹"按钮,再选择想要添加到当前库的文件夹即可,如图 2-87 所示。

图 2-87　添加文件夹到"资料"库

（2）对于已经包含了一些文件夹的库，右击想要添加文件夹的库，在弹出的快捷菜单中选择"属性"命令，打开相应的属性对话框，单击"添加"按钮，如图 2-88 所示，选中想要添加到当前库的文件夹即可。

图 2-88 相应的属性对话框

（3）另外，右击需要添加到库的文件夹，在弹出的快捷键菜单中选择"包含到库中"命令，再选择目标库也可以实现添加文件到库，如图 2-89 所示。

删除"资料"库中的文件夹，操作步骤如下。

打开"我的电脑"窗口，右击库下方的"资料"库，在弹出的快捷菜单中选择"属性"命令，打开"资料 属性"对话框，选择要删除的文件夹，单击"删除"按钮，如图 2-90 所示，即可删除库中的文件夹。但这样只是将文件夹从库中删除，不会从该文件夹的原始位置删除该文件夹。

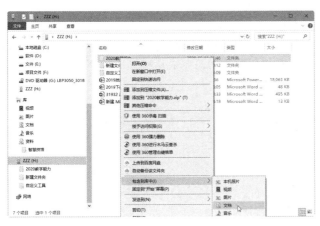

图 2-89 添加文件到库

图 2-90 删除库中的文件夹

在库中查找文件，操作步骤如下。

为了让用户更方便地在库中查找资料，系统还提供了一个强大的库搜索功能，这样用户可以不用打开相应的文件或文件夹就能找到需要的资料。

搜索时，在"库"窗口上面的搜索框中输入需要搜索文件的关键字，随后按"Enter"键，这样系统会自动检索当前库中的文件信息，随后在该窗口中列出搜索到的信息。库搜索功能非常强大，不但能搜索到文件夹、文件标题、文件信息、压缩包中的关键字信息，还能搜索到一些文件中的信息。

在右上角的搜索框中输入".jpeg"，如图 2-91 所示，可在搜索结果区域显示库中所有的.jpeg文件。

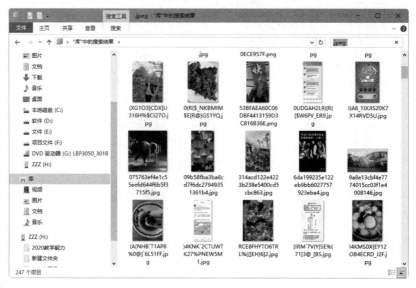

图 2-91　搜索.jpeg 文件

单 元 小 结

本单元共完成两个项目，主要包括 Windows 10 的基本操作、Windows 10 中文件与文件夹的操作、控制面板中常用属性的设置、库的使用等。学习完成后应该有以下收获。

- 了解 Windows 10 的功能和特点。
- 掌握 Windows 10 的启动和退出。
- 掌握 Windows 10 的窗口组成及基本操作。
- 掌握任务栏的组成及基本操作。
- 掌握"开始"菜单的组成与设置。
- 掌握磁贴的使用。
- 掌握文件、文件夹的概念及操作。
- 掌握对话框及 Cortana（小娜）的使用。

- 掌握键盘、鼠标及触摸屏的使用。
- 掌握系统工具的功能及使用方法。
- 掌握个性化桌面的定制。
- 掌握系统输入法设置。
- 掌握用户账户设置。
- 掌握库和快速访问区的使用。

课 外 自 测

一、单选题

1．Windows 10 操作系统是_____。

　　A．单用户单任务操作系统　　　　　B．单用户多任务操作系统

　　C．多用户多任务操作系统　　　　　D．多用户单任务操作系统

2．在 Windows 10 中，当一个应用程序窗口被最小化后，该应用程序将_____。

　　A．被终止执行　　B．继续执行　　　C．被暂停执行　　D．被删除

3．利用_____鼠标可以打开文件、文件夹等。

　　A．双击　　　　　B．滚轮　　　　　C．右击　　　　　D．拖动

4．下面关于窗口的说法，错误的是_____。

　　A．在还原状态下拖动窗口边框可以调整其大小

　　B．单击"最小化"按钮可将窗口缩放到任务栏中

　　C．在还原状态下拖动窗口的功能区可以改变其位置

　　D．在还原状态下拖动窗口的标题栏可以改变其位置

5．要同时选择多个文件或文件夹，可在按住"_____"键（或组合键）的同时，依次单击所要选择的文件或文件夹。

　　A．Ctrl　　　　　B．Shift　　　　　C．Alt　　　　　D．Ctrl +Shift

6．利用"_____"对话框可以设置显示隐藏的文件或文件夹。

　　A．文件夹属性　　　　　　　　　　B．文件夹选项

　　C．自动播放　　　　　　　　　　　D．删除文件夹

7．要设置 Windows 10 的桌面主题、桌面图标、桌面背景和屏幕保护程序，均可在"____"窗口中单击相应的按钮，然后在打开的窗口中进行相应的设置。

　　A．个性化　　　　　　　　　　　　B．控制面板

　　C．网络和共享中心　　　　　　　　D．用户账户

8．下列关于关闭应用程序的说法，错误的是_____。

　　A．单击程序窗口右上角的"关闭"按钮

　　B．按"Alt+F4"组合键

　　C．在"文件"菜单中选择"退出"命令

D．双击程序窗口的标题栏

9．Windows 可支持长达_____个字符的文件名。

　　A．8　　　　　　B．10　　　　　　C．64　　　　　　D．255

10．在"资源管理器"窗口中，出现在左窗格文件夹图标前的空心三角形标志表示_____。

　　A．该文件夹中有文件　　　　　　　　B．该文件夹中没有文件

　　C．该文件夹中有下级文件夹　　　　　D．该文件夹中没有下级文件夹

二、实操题

1．熟悉 Windows 10 操作系统的使用环境。

查看你所用的计算机的属性，新建一个记事本文档，把所查看的计算机硬件配置参数记录在文档中，并以"我的计算机硬件.txt"为文件名保存在本文件夹中。

2．熟悉 Windows 桌面基本操作。

正确开机后，完成以下 Windows 的基本操作。

（1）桌面操作。设置图片/幻灯片为桌面背景；并将桌面上的某个图标添加到任务栏。

（2）桌面小工具应用。在桌面上添加/删除一个日历。

（3）切换窗口。练习用多种方法在已经打开的"计算机""回收站""Word 2016"等窗口间进行切换。

（4）窗口操作。打开"日期和时间"设置窗口，移动其位置，并更改当前不正确的系统日期与时间。打开"文本服务和输入语言"设置窗口，将语言栏中已安装的一种自己熟悉的中文输入法作为默认输入法。

（5）菜单操作。练习使用鼠标和键盘两种操作方法打开/关闭"开始"菜单、下拉菜单、控制菜单、快捷菜单、级联菜单。

3．熟悉控制面板的使用。

利用控制面板完成以下操作。

（1）"开始"菜单设置。将记事本应用程序图标锁定到"开始"菜单，查看设置效果。

（2）参考建立"用户账户"和设置个性化桌面部分，设计一个自己喜欢的计算机个性化设置方案，并实施。

4．文件资源管理。

（1）在本题所用文件夹中建立如图 2-92 所示的文件夹结构。

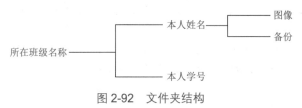

图 2-92　文件夹结构

（2）在 C 盘上查找"Control.exe"文件，建立其快捷方式，保存到"本人姓名"文件夹下，并改名为"控制面板"。

（3）调整窗口的大小和排列图标。打开"计算机"窗口，以"详细信息"方式查看其内容，并按"名称"顺序排列窗口内的内容。然后复制此窗口的图像，粘贴到"画图"应用程序中，

并以"窗口.bmp"为名保存在"图像"文件夹中。

（4）文件和文件夹的移动、复制、删除。将 C 盘"Windows"文件夹中第一个字符为 S、扩展名为.exe 的所有文件复制到"本人学号"文件夹中；将"图像"文件夹中的所有文件移动到"备份"文件夹中。

（5）在 Windows 帮助系统中搜索有关"将 Web 内容添加到桌面"的操作，将搜索到的内容复制到"写字板"程序的窗口中，以"记录 1.txt"为名保存在"本人学号"文件夹中。

（6）试着将上述"记录 1.txt"文件删除，再尝试从回收站中将它还原。

（7）将"所在班级名称"文件夹发送到"我的文档"文件夹中。

（8）写出表 2-3 中图标所表示的文件类型。

表 2-3　图标及其所表示的文件类型

图　标					
文件类型					

5．系统工具。

（1）试利用磁盘碎片整理程序对本地磁盘 D 进行碎片整理。

（2）试利用磁盘清理程序清理本地磁盘 D 上的无用文件。

6．你所在的协会办公室目前只有一台配置了低版本操作系统的计算机。该计算机是公用的，一直没有人维护，所有的系统设置长期没有更新，只有一个公用账户，缺乏安全性，而且大家长期频繁地进行文件存取操作，文件管理非常混乱，运行速度也很慢。作为一名大学生，请你制订一个计划，解决该计算机目前所存在的一些问题。

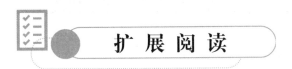

[1] 丽莎·罗格克．微软启示录：比尔·盖茨语录[M]．阮一峰，译．南京：译林出版社，2014．

[2] 保罗·弗莱伯格，等．硅谷之火：人与计算机的未来[M]．张华伟，译．北京：中国华侨出版社，2014．

Word 基本应用

Word 文字处理软件可以创建电子文档，并对电子文档进行文字的编辑与排版。在文档中还可以插入表格或多媒体素材文件，制作可视性极佳的表格文档或图文并茂的彩色文档，极大地丰富了文字的表现力。尤其在长文档的排版处理上，能够快速地针对文档的格式要求做出设置。本单元将通过 5 个项目来学习 Word 文档的基本操作，具体内容涉及编辑文字和设置格式的方法与技巧、创建表格、插入图片和剪贴画、图文混排和长文档排版应用中的方法和技巧，以及根据毕业论文的格式要求应用样式、自动生成目录、添加页眉页脚、插入封面等。

项目 1
制作教师教学能力培训计划

项目描述

为了提升教师队伍的教学能力，教务处工作人员制订了教师教学能力培训计划。首先要创建文档并编辑计划内容，制作电子计划书。为了使计划书更加美观，需要对它进行文字的排版、段落格式的设置和整体页面的美化。

项目分析

首先打开一个空白文档，输入和编辑计划内容，添加项目编号，使文档层次结构清晰且有条理，完成电子计划书的创建。其次进行文字的排版，设置字体及段落格式。最后添加页面边框、文字底纹和段落底纹，完成页面整体的设置。

相关知识

1. 启动和退出 Word 2016

1）启动 Word 2016

方法 1：从"开始"菜单启动。单击"开始"按钮，在打开的"开始"菜单中选择"Word 2016"命令，如图 3-1 所示，即可启动 Word 2016。

方法 2：从快捷方式启动。双击 Word 2016 快捷方式图标，或者右击快捷方式图标，在弹出的快捷菜单中选择"打开"命令，即可启动 Word 2016，如图 3-2 所示。

方法 3：通过双击 Word 2016 文件图标启动。在计算机上双击任意一个 Word 2016 文件图标，在打开该文件的同时即可启动 Word 2016，如图 3-3 所示。

2）退出 Word 2016

方法 1：选择"文件"→"关闭"命令，如图 3-4 所示。

方法 2：按"Alt+F4"组合键即可关闭 Word 窗口并退出 Word 2016。

方法 3：单击 Word 2016 标题栏右侧的"关闭"按钮 ，即可退出 Word 2016。

方法 4：右击任务栏上的 Word 2016 程序图标 ，在弹出的快捷菜单中选择"关闭窗口"命令，即可退出 Word 2016。

图 3-1 "开始"菜单的"Word 2016"命令

图 3-2 快捷方式图标

图 3-3 Word 2016 文件图标

图 3-4 "关闭"命令

2. Word 2016 的工作界面

启动后的 Word 2016 的工作界面如图 3-5 所示。

Word 2016 的工作窗口主要由标题栏、功能区、编辑区、标尺、导航窗格、滚动条和状态栏等组成。

1) 标题栏

标题栏位于操作界面的最顶部，由快速访问工具栏、文档名、"功能区显示选项"按钮及窗口控制按钮组成。其中快速访问工具栏显示了 Word 中常用的命令按钮，如"保存"按钮　、

"撤销"按钮 ↺、"恢复"按钮 ↻ 等。用户可以根据需要自行设置快速访问工具栏中的命令按钮：单击其后的"自定义快速访问工具栏"按钮 ⯆，打开下拉列表，如图 3-6 所示，选择需要的命令即可添加，取消勾选即可去除。文档名位于标题栏的中央，为当前正在编辑的文档名称。"功能区显示选项"按钮 ⯐ 提供了显示或隐藏功能区中选项卡和命令的选项，窗口控制按钮 ─ □ × 用于控制工作窗口的大小和退出 Word 2016 程序。

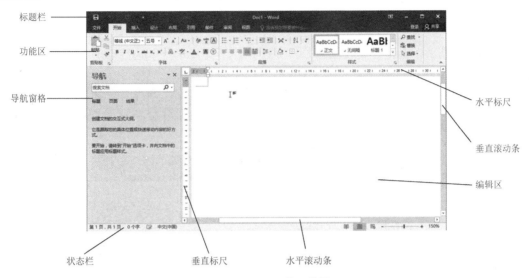

图 3-5　Word 2016 的工作界面

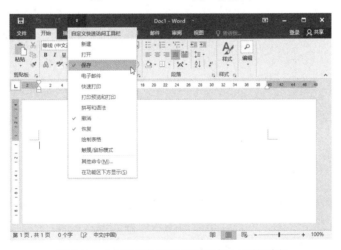

图 3-6　"自定义快速访问工具栏"下拉列表

 专家点睛

　　一个 Word 文件就是一个扩展名为".docx"的文档文件，当新建 Word 文档时，其默认的名称为"文档 1"，可在保存时对其重新命名。编辑 Word 文档时，双击标题栏可以使窗口在"最大化"和"还原"状态之间切换，也可以利用窗口控制按钮调整窗口状态。快速访问工具栏中的按钮，在激活状态时呈现白色，在未被激活状态时呈现不透明的灰色。

2）功能区

功能区将常用功能和命令以选项卡、按钮、图标或下拉列表的形式分别显示。其中，文件的新建、保存、打开、关闭及打印等功能整合在"文件"选项卡下，便于使用。其他选项卡中分类放置相应的工具，以实现对文件的编辑、排版等操作。单击选项卡名称可以在不同的选项卡之间进行切换。单击功能区右上角的"功能区显示选项"按钮，可选择隐藏功能区、显示功能区或仅显示功能区上的选项卡名称。

 专家点睛

右击"文件"选项卡，在快捷菜单中选择"自定义功能区"命令，如图 3-7 所示，可以修改功能区的工具按钮，如进行按钮的删除或添加。将鼠标指针停留在某个工具按钮上，可显示该按钮的功能。

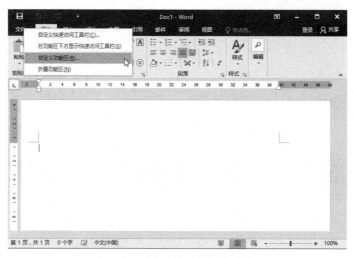

图 3-7 "自定义功能区"命令

3）编辑区

编辑区又称文本区，是文档窗口中央的空白处，用于实现文档的显示和输入等操作。在编辑区中，闪烁的竖直线"|"为插入点，指当前输入内容的键入位置，用于输入文本和插入各种对象。启动 Word 时，编辑区为空，插入点位于空白文档的开头。

 专家点睛

在文档现有的内容区域，用户可通过方向键移动插入点。此外，按"Ctrl+Home"组合键可将插入点快速定位到当前页的开头，按"Ctrl+End"组合键可将插入点定位到当前页的末尾。

4）标尺

标尺分为水平标尺和垂直标尺，用来设置页面尺寸及文本段落的缩进。水平标尺的左、右两边分别有左缩进标志和右缩进标志，用于限制文本的左右边界。

专家点睛

用户可自行设置是否显示标尺工具。勾选"视图"选项卡下"显示"组的"标尺"复选框可显示标尺，取消勾选则隐藏标尺，如图3-8所示。

图3-8　"标尺"复选框

5）导航窗格

导航窗格使用户能快速地定位文档和搜索文档内容。Word 2016 提供了 3 种导航功能，即标题导航、页面导航和结果导航。标题导航层次分明，适用于条理清晰的长文档，用户可通过单击标题来定位文档内容。切换导航方式为页面导航，在导航窗格中文档分页以缩略图的形式列出。使用结果导航，用户可搜索关键词和特定对象。

专家点睛

用户可自行设置是否显示导航窗格。勾选"视图"选项卡下"显示"组的"导航窗格"复选框，可显示导航窗格；取消勾选则隐藏导航窗格。

6）滚动条

滚动条主要用于移动文档的位置。当文档内容超出屏幕区域时，可使用滚动条来调整内容至可视区域。Word 2016 的工作窗口有水平滚动条和垂直滚动条，分别位于编辑区的右侧和下方，由滚动箭头和滚动框组成。

7）状态栏

状态栏位于操作界面底部，其中状态栏的左侧为文档的有关信息，如页码、字数等，右侧为文档的多种视图模式、显示比例滑块————+及"缩放级别"按钮100%。

专家点睛

打开 Word 2016 文档文件，系统默认使用"页面视图"模式，用户可单击不同视图模式按钮进行调整。若调整文档窗口的大小，可单击右下角"缩放级别"按钮，打开"显示比例"对话框，如图 3-9 所示。设置显示比例：拖动显示比例滑块来放大或缩小比例；或者按住"Ctrl"键，滚动鼠标滚轮来调整比例。

图 3-9　"显示比例"对话框

3．文件的基本操作

使用 Word 2016 创建的每一个文件都是以文档的形式保存的。文档的扩展名为".docx"，文档的每一页是组成文档的基本单位。

1）新建文档

（1）通过"开始"菜单或桌面快捷方式启动 Word 2016，进入如图 3-10 所示的启动界面，单击"空白文档"按钮即可。

图 3-10　启动界面

（2）在文档目标位置单击鼠标右键，在弹出的快捷菜单中选择"新建"→"Microsoft Word 文档"命令，可创建新的 Word 2016 文档。

2）输入文本内容

在文档的编辑区，可在插入点处输入文本内容。Word 2016 提供了两种文本输入模式：插入和改写。插入模式为默认的输入模式，当输入新内容时，插入点之后的原有文字会向后移动。右击状态栏，在弹出的快捷菜单中选择"改写"命令，如图 3-11 所示，可切换为改写模式。在此模式下，将插入点定位在需要改写的文本之前，输入新内容后，原文本会被替换。

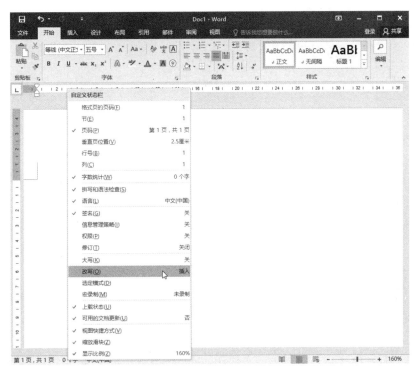

图 3-11　"改写"命令

3）插入非文本内容

单击"插入"选项卡下的按钮，可在文档中插入非文本内容，如图片、表格、形状、图表、特殊符号、数学公式等。

4）美化文档

完成文档的编辑后，可以对文档进行文字的排版、段落格式的设置和整体页面的美化，如在"开始"选项卡下的"字体"组和"段落"组中可设置文字和段落的格式，在"设计"和"布局"选项卡下设置页面的整体格式。

5）保存文档

要保存新建的文档，可选择"文件"→"保存"命令，或单击快速访问工具栏的"保存"按钮，或按"Ctrl+S"组合键，在"另存为"列表中双击"这台电脑"选项，弹出"另存为"对话框，如图 3-12 所示，设置文档的保存位置和名称。

信息技术基础

图 3-12 "另存为"对话框

专家点睛

"文件"选项卡中有"保存"和"另存为"两种保存方式。在保存一个新文档时，两种保存方式没有区别。而在保存已有文档时，二者是有区别的：选择"另存为"选项会打开对话框，可以改变当前文档的位置、名称及类型；而选择"保存"选项则不会打开对话框，只能以原位置、原名字、原类型的形式进行保存。

6）打开文档

启动 Word 2016 后，选择左侧"打开其他文档"选项，在"打开"列表中，双击"这台电脑"选项，打开"打开"对话框，如图 3-13 所示，在左侧列表中选择文档所在的位置，在中间列表中选择要打开的文档，然后单击"打开"按钮，或直接双击要打开的文档，即可打开该文档。

图 3-13 "打开"对话框

专家点睛

对用户最近编辑过的文档，可以通过"最近使用的文档"功能快速地找到并打开。启动 Word 2016，在左侧"最近使用的文档"列表中单击要打开的文档即可。

7）关闭文档

在对文档进行编辑等操作后，保存相关修改，关闭 Word 2016 窗口即可。

项目实现

本项目将利用 Word 2016 制作如图 3-14 所示的培训计划。

（1）创建"培训计划"文档，输入计划内容，添加项目编号以设置文档层次，并在文档中插入当前日期。

（2）设置文档的字体格式及段落格式，进行文字的排版，添加分栏、首字下沉效果。

（3）添加并设置页面边框。

（4）添加并设置文字底纹和段落底纹。

图 3-14 培训计划

1．输入和编辑计划内容

打开 Word 2016，创建并保存文件"培训计划.docx"，操作步骤如下。

（1）启动 Word 2016 程序。

（2）单击"空白文档"按钮，选择"文件"→"保存"命令，在"另存为"列表中双击"这台电脑"选项，在打开的"另存为"对话框中单击左侧列表，选择文件保存的位置为"桌面"，并输入文件名"培训计划"，然后单击"保存"按钮保存文件。

输入和编辑计划内容

（3）打开"培训计划（素材）"文档，复制其内容，将内容粘贴到"培训计划"文档中。

在文档中添加项目编号，操作步骤如下。

（1）将插入点定位在"培训目标"所在段落，为其添加一级编号。在"开始"选项卡的"段落"组中，单击"编号"下拉按钮 ▾，在弹出的下拉列表中选择"定义新编号格式"选项，打开"定义新编号格式"对话框，如图 3-15 所示。单击"字体"按钮，在"字体"对话框中设置编号字体效果，如图 3-16 所示。

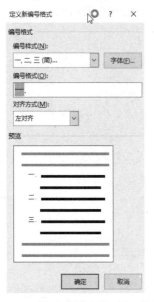

图 3-15 "定义新编号格式"对话框

图 3-16 "字体"对话框

返回"定义新编号"格式对话框，设置编号样式、编号格式、对齐方式，如图 3-15 所示，单击"确定"按钮，得到文档一级编号，如图 3-17 所示。

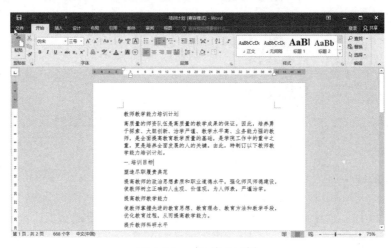

图 3-17 一级编号示例

（2）定位插入点至下一行，为其添加二级编号。在"开始"选项卡的"段落"组中，单击"编号"下拉按钮，在弹出的下拉列表中选择"定义新编号格式"选项，打开"定义新编号格式"对话框，设置二级编号的样式、格式、对齐方式，如图 3-18 所示，单击"确定"按钮，得到文档二级编号，如图 3-19 所示。

图 3-18　设置二级编号

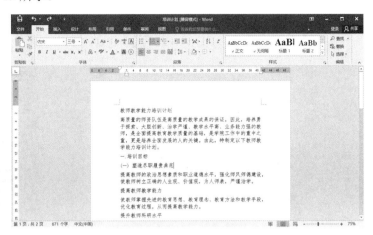

图 3-19　二级编号示例

（3）定位插入点在"提高教师教学能力"所在的段落。单击"编号"下拉按钮，在弹出的下拉列表中选择"最近使用过的编号格式"选项，在其中选择设置好的二级编号。

（4）定位插入点在"提升教师科研水平"所在的段落，采用同样的方法为其添加二级编号，效果如图 3-20 所示。

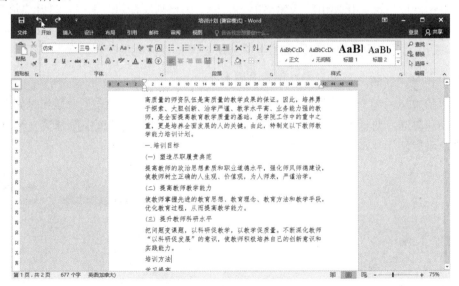

图 3-20　添加二级编号效果

（5）定位插入点在"培训方法"所在的段落，设置第二个一级编号。单击"编号"下拉按钮，弹出下拉列表，在"最近使用过的编号格式"中选择设置好的一级编号，此时文本前出现一级编号"二."。若出现编号"一."，则单击鼠标右键，在弹出的快捷菜单中选择"设置编号值"命令，在"起始编号"对话框中设置参数，如图 3-21 所示。

（6）定位插入点至下一行，采取第（3）步的方法，为其添加二级编号。若出现编号"（四）"，则单击编号左上角的"自动更正选项"按钮，选择"重新开始编号"选项，得到二级编号"（一）"。

（7）定位插入点至下一行，为其添加三级编号。设置编号样式、编号格式、对齐方式，如图 3-22 所示。

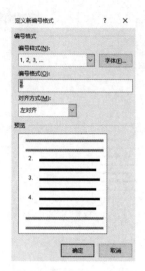

图 3-21　"起始编号"对话框

图 3-22　设置三级编号

（8）按照上述方法，为文档相关内容设置项目编号。

（9）定位插入点在文字"塑造尽职履责典范"所在段落，调整项目编号与编号后文本之间的距离。单击鼠标右键，在弹出的快捷菜单中选择"调整列表缩进"命令，打开"调整列表缩进量"对话框，在"编号之后"下拉列表中选择"不特别标注"选项，如图 3-23 所示。

（10）采用上一步的方法，将所有二级编号所在段落做同样的设置。

在文档最后一行插入当前日期，操作步骤如下。

在文本的末尾另起一行。在"插入"选项卡的"文本"组中，单击"日期和时间"按钮，打开"日期和时间"对话框，如图 3-24 所示，在"可用格式"列表框中选择第一种日期格式，并勾选"自动更新"复选框，单击"确定"按钮。

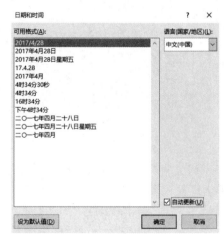

图 3-23　"调整列表缩进量"对话框

图 3-24　"日期和时间"对话框

2. 设置字体格式及段落格式

将文档的标题设置为"宋体、小二、加粗"，字符间距为 3 磅，将正文设置为"宋体、四号"，操作步骤如下。

设置字体格式及段落格式

（1）选定要设置的标题文字"教师教学能力培训计划"。在"开始"选项卡"字体"组的"字体"下拉列表中选择"宋体"选项，如图 3-25 所示，在"字号"下拉列表中选择"小二"选项，并单击"字体"组的"加粗"按钮 **B**。

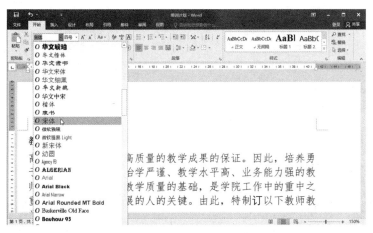

图 3-25　"字体"下拉列表

（2）继续选定标题文字，在"开始"选项卡的"字体"组中，单击右下角的"对话框启动器"按钮，打开"字体"对话框，选择"高级"选项卡，在"字符间距"选项组的"间距"下拉列表中选择"加宽"选项，在相应的"磅值"数值框中输入"3 磅"，如图 3-26 所示，单击"确定"按钮。

（3）选定除标题文字外的文本并单击鼠标右键，在弹出的快捷菜单中选择"字体"命令，打开"字体"对话框，在"字体"选项卡的"中文字体"下拉列表中选择"宋体"选项，在"字号"列表框中选择"四号"选项，单击"确定"按钮。

将文档的标题设置为"居中对齐"，将正文第一段设置为"两端对齐、首行缩进 2 个字符、1.75 倍行距"，将文档末尾设置为"右对齐"，操作步骤如下。

（1）将插入点定位在标题行，在"开始"选项卡的"段落"组中，单击"居中"按钮。

（2）将插入点定位在正文第一段开头，在"开始"选项卡的"段落"组中，单击右下角的"对话框启动器"按钮，打开"段落"对话框。

（3）选择"缩进和间距"选项卡，在"常规"选项组的"对齐方式"下拉列表中选择"两端对齐"选项，在"缩进"选项组的"特殊格式"下拉列表中选择"首行缩进"选项，在相应的"磅值"数值框中输入"2 字符"，并在"间距"选项组的"行距"下拉列表中选择"多倍行距"选项，在相应的"设置值"数值框中输入"1.75"，如图 3-27 所示。

（4）选定文档末尾学校和日期所在的两行，在"开始"选项卡的"段落"组中，单击"右对齐"按钮。

图 3-26　"字体"对话框的"高级"选项卡　　　图 3-27　"段落"对话框的"缩进和间距"选项卡

将文档的正文分成两栏，栏间添加"分隔线"，并为正文第一段设置首字下沉效果，操作步骤如下。

（1）选定"培训计划"文档的正文文字（标题和末尾两行除外），在"布局"选项卡的"页面设置"组中，单击"分栏"按钮，在弹出的下拉列表中选择"两栏"选项，如图 3-28 所示，将正文分成左右两栏。

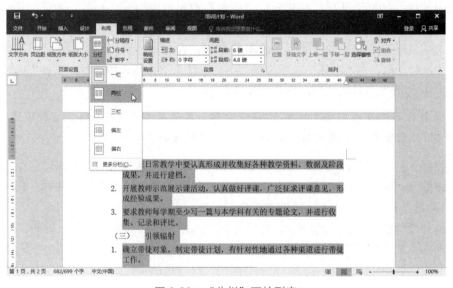

图 3-28　"分栏"下拉列表

（2）在"分栏"下拉列表中选择"更多分栏"选项，打开"分栏"对话框，勾选"分隔线"复选框，如图 3-29 所示，单击"确定"按钮。

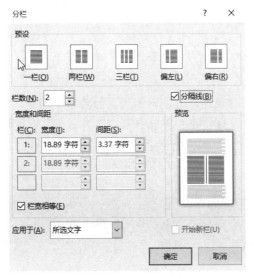

图 3-29　"分栏"对话框

（3）将插入点置于正文第一段的前面，按"Backspace"键，取消首行缩进设置。在"插入"选项卡的"文本"组中，单击"首字下沉"按钮▤，在弹出的下拉列表中选择"下沉"选项。

3．添加页面边框

为文档添加页面边框并设置为方框，操作步骤如下。

添加页面边框

在"设计"选项卡的"页面背景"组中，单击"页面边框"按钮▯，
打开"边框和底纹"对话框，选择"页面边框"选项卡，在"设置"列表中选择"方框"选项，在"颜色"下拉列表中选择"白色，背景 1，深色 50%"选项，在"宽度"下拉列表中选择"0.25磅"选项，在"应用于"下拉列表中选择"整篇文档"选项，如图 3-30 所示。

图 3-30　"边框和底纹"对话框的"页面边框"选项卡

4. 添加并设置文字底纹和段落底纹

添加并设置底纹

为文档标题添加文字底纹，并为正文第一段添加段落底纹，操作步骤如下。

（1）选定标题文字。在"设计"选项卡的"页面背景"组中，单击"页面边框"按钮，打开"边框和底纹"对话框，选择"底纹"选项卡，在"填充"下拉列表中选择"白色，背景1，深色25%"选项，在"应用于"下拉列表中选择"文字"选项，如图3-31所示。

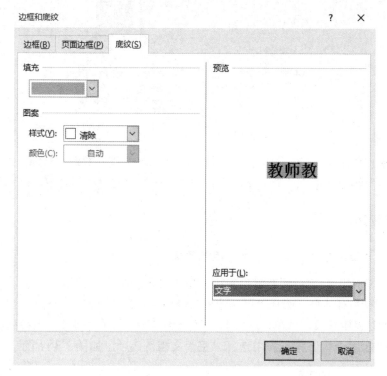

图3-31　"边框和底纹"对话框的"底纹"选项卡

（2）在正文第一段文字区域快速连续单击3次，选定第一段文字。在"设计"选项卡的"页面背景"组中，单击"页面边框"按钮，打开"边框和底纹"对话框，选择"底纹"选项卡，在"填充"下拉列表中选择"白色，背景1，深色15%"选项，在"应用于"下拉列表中选择"段落"选项。

5. 保存文件

保存对文档的编辑及修改，操作步骤如下。

按"Ctrl+S"组合键，保存"培训计划"文档。

项目 2
使用表格制作求职简历

项目描述

在求职过程中，简历是对求职者经历、能力、技能的简要总结，是求职者综合素质的体现。刘同学是一名即将毕业的大学生，正准备找工作。他知道简历在求职中的重要性，为了制作一份精美的电子求职简历，他请教了自己的大学老师。老师根据刘同学的自身情况，对求职简历的制作给出了建议。

项目分析

首先打开一个空白文档，制作简历表格，编辑表格内容，其次设置表格格式，最后为单元格添加边框和底纹。

相关知识

1. 表格的创建

表格是一种组织和整理数据的手段。表格以水平行和垂直列的形式排列，基本组成单位是单元格。

1）拖动"插入表格"网格创建表格

若建立一个行列数不超过 8 行 10 列的表格，则可在"插入"选项卡的"表格"组中，单击"表格"按钮▦，在弹出的下拉列表的"插入表格"网格中拖动鼠标，选择所需的行列数，然后单击确定，在文档编辑区即可插入相应行列数的表格，如图 3-32 所示。

图 3-32　"插入表格"网格

2）利用"插入表格"选项创建表格

如果要插入行列数较多的大型表格，可在"插入"选项卡的"表格"组中，单击"表格"按钮，在弹出的下拉列表中选择"插入表格"选项，打开"插入表格"对话框，在"表格尺寸"选项组中设置行数和列数，如图 3-33 所示。

图 3-33 "插入表格"对话框

 专家点睛

"插入表格"对话框允许用户绘制 32767 行 63 列以内的表格。在"插入表格"对话框中，用户还可在"'自动'调整操作"选项组中调整单元格的大小。

3）利用"绘制表格"选项创建表格

Word 2016 还提供了手动绘制表格的功能。在"插入"选项卡的"表格"组中，单击"表格"按钮，在弹出的下拉列表中选择"绘制表格"选项，鼠标指针在文档编辑区会变为"画笔"形状 ，按住鼠标左键并拖动，再释放鼠标左键，即可得到一个矩形框或一条直线。

 专家点睛

创建包含不规则单元格的表格，可采用绘制表格的方式。手动绘制的表格行高或列宽不一定相同，所以后期必须进行表格格式的调整。

2．表格的基本操作

1）在表格中输入内容

在表格创建完成后，即可向表格中输入内容。将插入点定位在要输入内容的单元格中，然后进行输入。

专家点晴

每个单元格中的内容相当于一个独立段落，可对其进行字体和段落格式的设置和调整。

2）调整表格的大小

（1）调整表格的整体大小。将鼠标指针移动到表格右下角，当鼠标指针变成"双箭头"形状时，按住鼠标左键并拖动，即可对表格的宽度和高度进行等比例的缩放。

（2）调整行高或列宽。将鼠标指针放在表格中的任意一条线上，当鼠标指针变成"上下箭头"或"左右箭头"形状时，按住鼠标左键并上下或左右拖动，即可改变表格的行高或列宽。

（3）精确设置表格的大小。右击表格，在弹出的快捷菜单中选择"表格属性"命令，打开"表格属性"对话框，如图 3-34 所示，在"行"或"列"选项卡中，可精确地设定行高或列宽。

图 3-34 "表格属性"对话框

3）增加表格的行或列

将插入点定位在单元格中，单击鼠标右键，在弹出的快捷菜单中选择"插入"命令，在弹出的级联菜单中即可选择插入新的行、列或单元格，如图 3-35 所示。

图 3-35 "插入"命令

4）删除表格的行或列

将插入点定位在位于待删除的行或列的某个单元格内，单击鼠标右键，在弹出的快捷菜单中选择"删除单元格"命令，打开"删除单元格"对话框，选中相应的单选按钮即可，如图 3-36 所示。

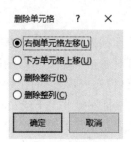

图 3-36　"删除单元格"对话框

5）拆分单元格

定位插入点在要拆分的单元格中，单击鼠标右键，在弹出的快捷菜单中选择"拆分单元格"命令，打开"拆分单元格"对话框，设定拆分后的"列数"和"行数"，如图 3-37 所示。

图 3-37　"拆分单元格"对话框

6）合并单元格

按住鼠标左键并拖动，选中需要合并的多个连续的单元格，单击鼠标右键，在弹出的快捷菜单中选择"合并单元格"命令，即可将选中的多个单元格合并成一个新的单元格。

7）移动表格位置

单击表格左上角的"表格移动控点"按钮⊞，选中整个表格，按住"表格移动控点"按钮并拖动，可将表格移动至合适位置。

8）删除表格

单击表格左上角的"表格移动"控点按钮，选中整个表格，单击鼠标右键，在弹出的快捷菜单中选择"删除表格"命令即可。

 项目实现

本项目将利用 Word 2016 制作如图 3-38 所示的求职简历。

（1）创建"求职简历"文档，制作表格标题。

（2）编辑表格内容，设置表格基本格式。

（3）美化表格，设置表格中字体的格式和表格样式。

个 人 简 历

基本资料（Basic Information）					
姓名		性别		出生年月	
民族		籍贯		政治面貌	
毕业学校		学历		专业	
通信地址				邮政编码	
电子邮箱				联系电话	

求职意向（Objective）

教育背景（Education Background）

职业技能（Vocational Skill）

工作经历（Work Experience）

■　2007.09-2008.03　北京某广告公司　　实习设计师
■　2008.05-2009.09　北京某文化传播公司　设计师
■　2009.10-2014.08　北京某创意公司　　美术指导

自我评价（Self-evaluation）

图 3-38　求职简历效果

1. 新建文档，输入表格标题

打开 Word 2016，创建并保存文件"求职简历.docx"，操作步骤如下。

输入表格标题

（1）启动 Word 2016 程序。

（2）单击"空白文档"按钮，选择"文件"→"保存"命令，在右侧"另存为"列表中双击"这台电脑"选项，在打开的"另存为"对话框中单击左侧列表，选择文件保存的位置为"桌面"，并输入文件名"求职简历"，然后单击"保存"按钮保存文件。

制作表格标题，将格式设置为"宋体、小二、加粗、居中对齐"，字符间距为 3 磅，操作步骤如下。

（1）将插入点定位在文档开头，输入文字"个人简历"。

（2）选定标题文字"个人简历"。在"开始"选项卡的"字体"组中，在"字体"下拉列表中选择"宋体"选项，在"字号"下拉列表中选择"小二"选项，并单击"字体"组的"加粗"按钮 **B**。

（3）选定标题文字，在"开始"选项卡"字体"组中，单击右下角的"对话框启动器"按钮，打开"字体"对话框，选择"高级"选项卡，在"字符间距"选项组的"间距"下拉列表中选择"加宽"选项，在相应的"磅值"数值框中输入"3磅"，单击"确定"按钮。

（4）在"开始"选项卡的"段落"组中，单击"居中"按钮☰，使标题文字居中。

2．插入和编辑表格，并设置表格基本格式

插入和编辑表格

创建表格结构，操作步骤如下。

（1）定位插入点在标题所在段落的末尾，按"Enter"键换行。

（2）在"插入"选项卡的"表格"组中，单击"表格"按钮，在弹出的下拉列表中选择"绘制表格"选项，此时鼠标指针在文档编辑区为 ⁄ 形状。

（3）在页面左上角按住鼠标左键，拖动至页面右下角，释放鼠标左键，此时编辑区出现一个与页面大小相匹配的矩形框，如图3-39所示。

图3-39　矩形框

（4）在矩形框内，按住鼠标左键并在水平方向拖动，绘制出15条水平线，将矩形框分成16行，效果如图3-40所示。

（5）按住鼠标左键并在竖直方向拖动，绘制出相应的竖直线条，效果如图3-41所示。

（6）按"Esc"键，退出绘制表格状态。

修改表格结构，合并单元格，操作步骤如下。

（1）选择表格第7列中的第2～6行，此时"表格工具"被激活，功能区中出现"设计"和"布局"选项卡。

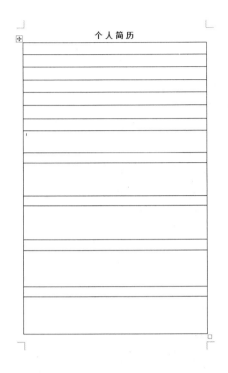

图 3-40 绘制水平线

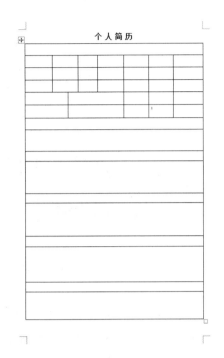

图 3-41 绘制竖直线

（2）在"表格工具/布局"选项卡的"合并"组中，单击"合并单元格"按钮▦。

在单元格中输入内容，并根据需要调整列宽，操作步骤如下。

（1）单击表格左上角的"表格移动控点"按钮，选定整个表格。在"开始"选项卡的"字体"组中，在"字体"下拉列表中选择"宋体"选项，在"字号"下拉列表中选择"小四"选项。

（2）将插入点定位在第 1 行第 1 列的单元格中，输入第一个项目标题"基本资料（Basic Information）"。

（3）定位插入点在其他单元格中，输入相应的项目标题或项目内容。

（4）选定表格中的项目标题，单击"加粗"按钮。

（5）根据表格中的内容，调整各单元格的行高和列宽。调整行高时，将鼠标指针移动到待调整单元格的下框线，当指针变成"上下箭头"形状（÷）时，按住鼠标左键并拖动边框到合适的位置，释放鼠标左键。若调整列宽，则移动鼠标指针至待调整单元格的右框线，当指针变成"左右箭头"形状（↔）时，按住鼠标左键并拖动边框至合适位置，效果如图 3-42 所示。

为文字添加项目符号，操作步骤如下。

（1）将插入点定位在第 14 行的单元格中，选定文字。

（2）在"开始"选项卡的"段落"组中，单击"左对齐"按钮▤。

（3）定位插入点在该单元格第一行最左侧，在"开始"选项卡的"段落"选项组中，单击"项目符号"下拉按钮▾，在弹出的下拉列表中选择"定义新项目符号"选项，打开"定义新项目符号"对话框，如图 3-43 所示。

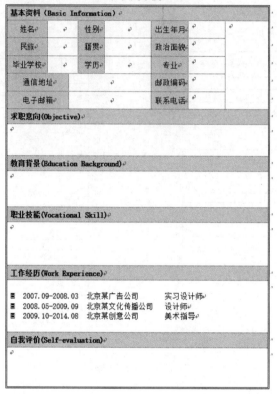

图 3-42　个人简历表格

图 3-43　"定义新项目符号"对话框

（4）单击"符号"按钮，打开"符号"对话框，在"字体"下拉列表中选择"Wingdings"选项，在列表框中选择符号"▤"，单击"确定"按钮。

（5）依次将插入点定位在单元格内其他行的最左侧，在每行的开头添加项目符号，效果如图 3-44 所示。

工作经历(Work Experience)		
2007.09-2008.03　北京某广告公司	实习设计师
2008.05-2009.09　北京某文化传播公司	设计师
2009.10-2014.08　北京某创意公司	美术指导

图 3-44　添加项目符号效果

3. 设置表格样式

设置表格样式

平均分布各行，操作步骤如下。

（1）选定表格第 2～6 行。

（2）在"表格工具/布局"选项卡的"单元格大小"组中，单击"分布行"按钮⊞。

设置单元格的对齐方式，操作步骤如下。

（1）选定表格第 2～6 行。在"表格工具/布局"选项卡的"对齐方式"组中，单击"水平居中"按钮▣，使文字在单元格内水平和垂直方向上都居中。

（2）选定其他单元格。在"表格工具/布局"选项卡的"对齐方式"组中，单击"中部两端对齐"按钮▤，使文字在单元格内垂直居中，并靠左侧对齐。

设置单元格的行高，操作步骤如下。

（1）将插入点定位在第 1 行的单元格中。在"表格工具/布局"选项卡的"单元格大小"组中，将"高度"设置为"0.8 厘米"。

（2）采取同样的方法，设置其他项目标题所在单元格的高度为"0.8 厘米"。

设置表格的边框，操作步骤如下。

（1）单击表格左上角的"表格移动控点"按钮，选定整个表格。

（2）在"表格工具/设计"选项卡的"边框"组中，在"笔样式"下拉列表中选择第 2 种线型"————"选项，在"边框"下拉列表中选择"内部框线"选项。

（3）继续选定整个表格。在"表格工具/设计"选项卡的"边框"组中，在"笔样式"下拉列表中选择双细线"════"选项，在"边框"下拉列表中选择"外侧框线"选项。

选定文字区域所在的单元格，设置表格的底纹，操作步骤如下。

（1）将鼠标指针移至第 1 行第 1 列单元格的左下角，当指针变成"斜向上的箭头"形状（↗）时，单击选定该单元格。

（2）按住"Ctrl"键，采用上一步的方法，选定其他含有文字的单元格。

（3）在"表格工具/设计"选项卡的"表格样式"组中，单击"底纹"下拉按钮，弹出下拉列表，在"主题颜色"选区中选择"白色，背景 1，深色 15%"选项。

👣 课内拓展

制作封面

在求职简历中添加独具吸引力的封面，可以使简历更美观，甚至脱颖而出。那么如何制作如图 3-45 所示的简历封面呢？该任务可分解为以下步骤。

（1）插入分页符，留出封面页。

（2）插入封面图片。

（3）调整图片格式。

（4）插入文本，并设置文本效果。

图 3-45　简历封面

项目实现

1．插入分页符

在个人简历之前插入新的一页作为封面页，操作步骤如下。

（1）打开"求职简历"文档，按"Ctrl+Home"组合键，将插入点定位在文档起始位置。

（2）在"插入"选项卡的"页面"组中，单击"分页"或"空白页"按钮。

2．插入图片

在封面中插入图片"校名.jpg""校门.jpg"，操作步骤如下。

（1）按"Ctrl+Home"组合键将插入点定位在封面页起始位置。在"开始"选项卡的"段落"组中，单击"居中"按钮≡，将插入点定位在封面页第一行中间。

（2）在"插入"选项卡的"插图"组中，单击"图片"按钮，打开"插入图片"对话框，找到并打开包含指定图片的文件夹，选择"校名.jpg"图片，单击"插入"按钮，将图片插入文档中。

（3）采用上一步的方法，将"校门.jpg"插入封面页中。

调整图片的大小和位置，以适应版面的需要，操作步骤如下。

（1）在封面页中，单击"校名.jpg"图片，此时在图片周围出现了 8 个图片尺寸控制点。

（2）将鼠标指针移至图片 4 个角的任意一个尺寸控制点，当指针变成"双向箭头"⇖时，按住鼠标左键并拖动，图片大小合适后，释放鼠标左键。

（3）采用同样的方法，调整"校门.jpg"图片的大小。

（4）保持图片居中，利用"Backspace"键和"Enter"键，调整"校门.jpg"图片在文档中的竖直位置。

设置"校门.jpg"图片的样式，操作步骤如下。

（1）单击"校门.jpg"图片，此时在功能区中出现"图片工具/格式"选项卡。

（2）在"图片工具/格式"选项卡的"图片样式"组中，单击"其他"按钮▾，展开"图片样式"列表。

（3）在列表中选择"柔化边缘椭圆"样式，效果如图 3-46 所示。

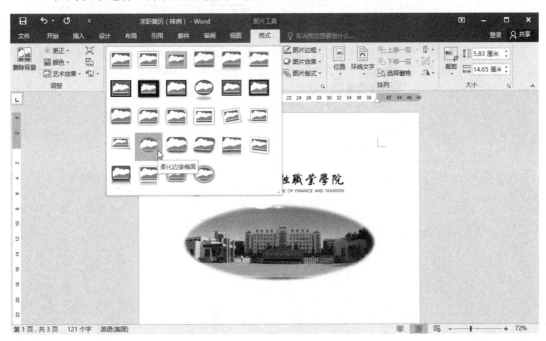

图 3-46 "柔化边缘椭圆"样式效果

在封面中输入文字，并设置文字效果，操作步骤如下。

（1）定位插入点在"校名.jpg"图片的下一段，输入文字"ZhengZhou Vocational College of Finance and Taxation"。

（2）选定文字，在"开始"选项卡"字体"组中，设置字体为"Arial Unicode MS"，字号为"三号"，字体颜色为"主题颜色"选区的"黑色，文字1"，在"段落"组中设置对齐方式为"居中"。

（3）继续选定文字。在"开始"选项卡的"字体"组中，单击"文本效果和版式"按钮 A，在弹出的下拉列表中选择第1行第2列的文本效果。单击"文本效果和版式"按钮，在弹出的下拉列表中选择"阴影"→"外部"→"右下斜偏移"命令。

（4）定位插入点在当前文字的下一行，输入文字"求职简历"，并选定文字。

（5）在"开始"选项卡下，设置字体为"华文隶书"，字号为"初号"，字体颜色为"蓝色，个性色5，深色50%"，并"加粗"显示。

（6）继续选定文字"求职简历"。在"开始"选项卡"字体"组中，单击右下角的"对话框启动器"按钮，打开"字体"对话框，如图 3-47 所示，单击"文字效果"按钮，打开"设置文本效果格式"对话框，选择"三维格式"选项卡，在"棱台"选项组中，将"顶部棱台"的效果设置为"冷色斜面"。

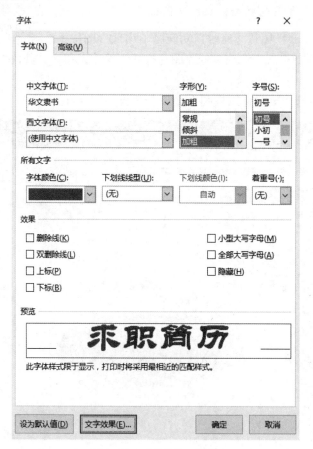

图 3-47 "字体"对话框

（7）继续选定文字，单击鼠标右键，在弹出的快捷菜单中选择"段落"命令，打开"段落"对话框，选择"缩进和间距"选项卡，在"常规"选项组的"对齐方式"下拉列表中选择"居中"选项，在"间距"选项组的"段前"数值框中输入"1.5 行"，如图 3-48 所示。

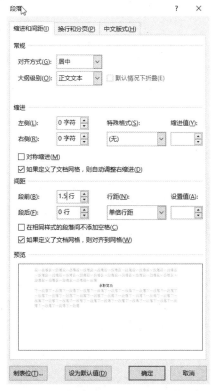

图 3-48　"段落"对话框的"缩进和间距"选项卡

（8）将插入点定位在"校门.jpg"图片下方的段落中，在"开始"选项卡的"段落"组中，单击"左对齐"按钮☰，确保插入点在段落的最左侧。在插入点输入"姓名："，按"Enter"键，输入"专业："，重复按"Enter"键，在后面两段中输入文字"联系电话："和"电子邮箱："。设置字体格式为"华文细黑、四号、加粗"。

项目 3
使用多媒体文件制作店铺开业宣传单

 项目描述

小李新开了一家饮料店，他的第一个任务就是制作一份精美漂亮的宣传单。小李先做好了版面的整体设计和布局设计，在将所有素材收集完毕后，开始排版。下面是小李的具体解决方案。

📑 **项目分析**

首先打开一个空白文档，进行版面的宏观设计，如设置页面的大小、页边距、背景等。其次根据文档内容，对"文档页"进行布局设计，利用文本框进行规划，输入文本并插入图片。最后打印整个文档。

✍ **相关知识**

Word 2016 创建的文件中，不仅可以输入文本，还可以插入音频文件、视频文件等多媒体文件。

1. 插入 MP3 音频文件

打开要插入音频的 Word 文档，将光标定位在需要插入音频的位置，在"插入"选项卡的"文本"组中，单击"对象"按钮▢，打开"对象"对话框，选择"由文件创建"选项卡，如图 3-49 所示。单击"浏览"按钮，通过文件夹切换选中需要播放的 MP3 文件。单击"打开"按钮返回到"对象"对话框，单击"确定"按钮，此时，在当前 Word 文档中出现一个含有 MP3 音频文件名的图标，双击图标即可播放。

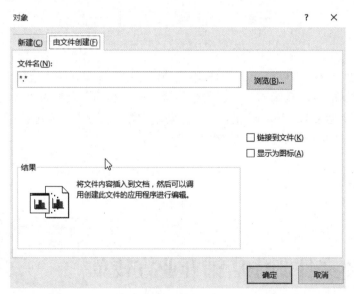

图 3-49　"对象"对话框的"由文件创建"选项卡

2. 插入联机视频

打开要插入视频的 Word 文档，将光标定位在需要插入视频的位置，在"插入"选项卡的"媒体"组中，单击"联机视频"按钮▢，打开"插入视频"对话框，如图 3-50 所示。在第一个输入框内，可以输入关键字搜索网络视频，在第二个输入框内，可以直接输入网络视频的地址。将视频插入文档后，文档中就会出现一个视频图标。

图 3-50　"插入视频"对话框

项目实现

本项目将利用 Word 2016 制作如图 3-51 所示的店铺开业宣传单。

（1）创建文档，并进行页面的宏观设计。

（2）在文档中插入形状。

（3）用文本框对文档进行布局，并输入文本。

（4）设置文字的艺术字效果。

（5）在文本框中插入图片。

（6）预览并打印宣传页。

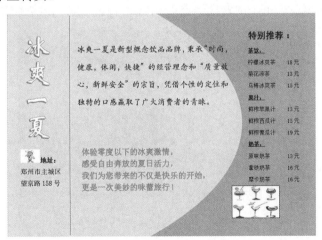

图 3-51　店铺开业宣传单

1. 创建文档，设置页面的大小、页边距、背景

打开 Word 2016，创建并保存文件"开业宣传单.docx"，操作步骤如下。

设置页面属性

（1）启动 Word 2016 程序，单击"空白文档"按钮，选择"文件"→"保存"命令，将文

档保存为"开业宣传单.docx"。

（2）在"布局"选项卡的"页面设置"组中，单击"纸张大小"按钮，在弹出的下拉列表中选择"A4"选项，将纸张大小设置为"宽21厘米，高29.7厘米"。

（3）单击"页边距"按钮，在弹出的下拉列表中选择"适中"选项，将页边距设置为"上：2.54厘米，下：2.54厘米，左：1.91厘米，右：1.91厘米"。单击"纸张方向"按钮，在弹出的下拉列表中选择"横向"选项。

（4）在"设计"选项卡的"页面背景"组中，单击"页面颜色"按钮，在弹出的下拉列表中选择"主题颜色"选区中的"绿色，个性色6，淡色40%"选项，单击"确定"按钮。

2. 在文档中插入形状

插入形状

在文档中插入竖直线，操作步骤如下。

（1）在"插入"选项卡的"插图"组中，单击"形状"按钮，在弹出的下拉列表中选择"线条"选区中的"直线"选项，此时鼠标指针变成十形状，按住"Shift"键，按住鼠标左键并向下拖动。释放"Shift"键和鼠标左键，此时竖直线两端分别有一个控制点。

（2）移动方向键，将竖直线调整至合适位置。在"绘图工具/格式"选项卡的"形状样式"组中，单击"形状轮廓"按钮，在弹出的下拉列表中选择"主题颜色"选区中的"绿色，个性色6，深色25%"选项。

在文档中插入新月形状，操作步骤如下。

（1）继续插入形状。在"插入"选项卡的"插图"组中，单击"形状"按钮，在弹出的下拉列表中选择"基本形状"选区中的"新月形"选项，按住鼠标左键并拖动绘制形状。释放鼠标左键后，形状周围出现了1个旋转控制点和9个尺寸控制点，如图3-52所示。

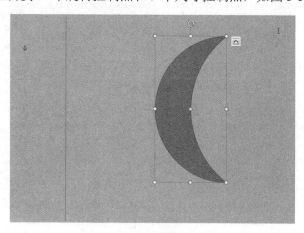

图3-52　"新月形"形状

（2）在"绘图工具/格式"选项卡的"形状样式"组中，单击"形状填充"按钮，在弹出的下拉列表中选择"主题颜色"选区中的"绿色，个性色6，淡色80%"选项。单击"形状轮廓"按钮，在弹出的下拉列表中选择"绿色，个性色6，淡色80%"选项。

（3）移动鼠标指针至旋转控制点，按住鼠标左键并拖动，将形状旋转180°，效果如图3-53所示。拖动尺寸控制点，放大形状，最终形状效果如图3-54所示。

图 3-53 旋转 180° 后的形状

图 3-54 放大后的形状

（4）选定形状"新月形"，单击鼠标右键，在弹出的快捷菜单中选择"置于底层"命令，此时已绘制好的竖直线在文档中继续显示，如图 3-55 所示。

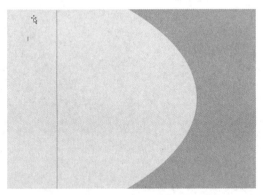

图 3-55 将"新月形"形状置于底层

3．在文档中插入文本框

插入文本框

在文档中插入竖排文本框，操作步骤如下。

（1）在"插入"选项卡的"文本"组中，单击"文本框"按钮，在弹出的下拉列表中选择"绘制竖排文本框"选项，此时鼠标指针变成十形状。

（2）在页面空白处，按住鼠标左键并拖动进行绘制。释放鼠标左键，此时文档编辑区出现一个竖排文本框，且文本框周围有 1 个旋转控制点和 8 个尺寸控制点。在文本框内输入店铺名称"冰爽一夏"，输入完毕后单击文档空白处，结束输入状态。

（3）选定文本框，此时功能区出现"绘图工具/格式"选项卡。单击"形状样式"组中的"形状填充"按钮，在弹出的下拉列表中选择"无填充颜色"选项；单击"形状轮廓"按钮，在弹出的下拉列表中选择"无轮廓"选项。

（4）将鼠标指针停在任一尺寸控制点上，此时鼠标指针为形状，拖动控制点，调整文本框尺寸。将鼠标指针置于文本框右上角，当鼠标指针变为形状时，按住鼠标左键并拖动，移动文本框至页面左侧。

在文档中插入横排文本框，操作步骤如下。

（1）在"插入"选项卡的"文本"组中，单击"文本框"按钮，在弹出的下拉列表中选择

"绘制文本框"选项，并将文档"店铺介绍（素材）"中的文本内容和格式复制粘贴到相应的文本框中。

（2）选定文本框，在"绘图工具/格式"选项卡的"形状样式"组中，分别单击"形状填充"按钮和"形状轮廓"按钮，设置文本框的样式为"无填充颜色"和"无轮廓"。

（3）采用同样的方法绘制横排文本框，并将文档"宣传语（素材）""店铺地址（素材）""饮品推荐（素材）"中的文本内容和格式复制到相应的文本框中，效果如图 3-56 所示。

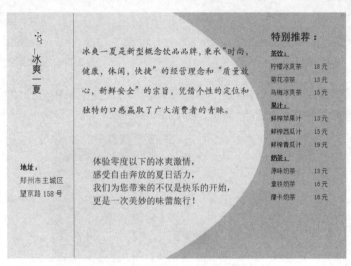

图 3-56　插入文本框效果

4．设置文字的艺术字效果

将"店铺名称"和"宣传语"分别设计成艺术字，操作步骤如下。

设置艺术字效果

（1）选定文字"冰爽一夏"。在"艺术字工具/格式"选项卡的"艺术字样式"组中，单击"其他"按钮，在弹出的下拉列表中选择"填充-白色，轮廓-着色 2，清晰阴影-着色 2"选项。继续选定文字，在"开始"选项卡的"字体"组中，设置字体为"华文新魏"，在"字号"数值框中输入"70"。

（2）选定宣传语文字。在"艺术字工具/格式"选项卡的"艺术字样式"组中，单击"其他"按钮，在弹出的下拉列表中选择"填充-橙色，轮廓-着色 2"选项。选定文字，取消字体加粗。

（3）根据页面调整艺术字在文本框中的位置。

5．在文本框中插入图片，实现图文混排

在文本框中插入图片，操作步骤如下。

图文混排

（1）将插入点定位在店铺地址所在文本框的开头。

（2）在"插入"选项卡的"插图"组中，单击"图片"按钮，打开"插入图片"对话框，通过左侧列表找到素材图片"宣传单图片 1"，单击"插入"按钮，将图片插入文本框中。若图

片太大，则选中图片，此时图片四周出现 8 个尺寸控制点，用鼠标拖动控制点，设置图片大小。在设置完成后，在图片外单击鼠标左键退出插入状态。

（3）在"插入"选项卡的"文本"组中，单击"文本框"按钮，在弹出的下拉列表中选择"绘制文本框"选项，按住鼠标左键并拖动进行绘制，完成后将文本框移动至页面右下角。

（4）选定绘制好的文本框，在"绘图工具/格式"选项卡的"形状样式"组中，单击"形状填充"按钮，在弹出的下拉列表中选择"图片"选项，如图 3-57 所示，打开"插入图片"对话框，单击"浏览"按钮，在"插入图片"对话框中选择要插入的图片"宣传单图片 2"，单击"插入"按钮，将图片嵌入文本框中。利用尺寸控制点，调整图片大小。

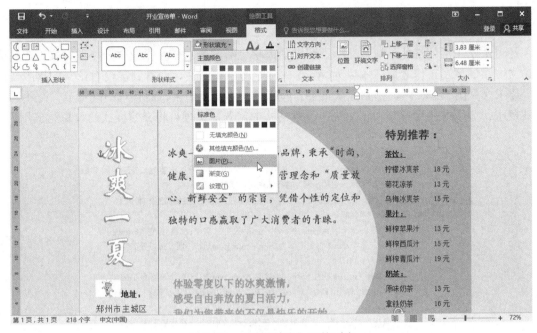

图 3-57　"形状填充"下拉列表

6. 预览并打印宣传页

对当前文档进行打印预览，操作步骤如下。

（1）选择"文件"→"打印"命令，在窗口右侧界面中会显示打印效果。

（2）拖动界面右下方状态栏的显示比例滑块，可以缩放文档的显示比例，从而更好地预览打印效果。

打印当前文档，操作步骤如下。

（1）选择"文件"→"打印"命令。

（2）在"打印机"下拉列表中选择要使用的打印机。

（3）在"设置"选项组中，设置打印范围为"打印所有页"，打印方式为"单面打印"，打印方向为"横向"，纸张为"A4"。

项目 4
使用样式排版专业论文

 项目描述

经过大学生活的洗礼，刘同学终于迎来了大学生活的最后一个作业——毕业论文，在完成了论文文字的撰写工作之后，本以为 Word 软件学得不错的他，当看到学校对论文的排版（格式）要求（见图 3-58）时，感到无从下手。因为论文本身章节多，而且对不同章节又有不同的格式要求，为了解决为章节和正文快速设置格式的问题，本项目将介绍样式的设置与应用。

毕业论文格式要求

1、标题摘要两字为黑体三号、居中、字间空两个字，标题摘要上、下各空一行。摘要正文字体为宋体小四，首行缩进两个字符，行距为 1.25。

关键词上空一行，关键词这 3 个字为宋体小四、加粗，关键词为宋体小四，关键词之间用分号相隔。

2、标题 Abstract 两字为 Times New Roman，小三号、居中、加粗，标题 Abstract 上、下各空一行。Abstract 正文字体为 Times New Roman、小四，每段开头空 4 个字母，行距为 1.25。

关键字 Key words 上空一行，关键字 Key words 这 2 个单词为 Times New Roman、小四、加粗，Key words 为 Times New Roman、小四，Key words 之间用分号相隔。

3、一级标题首空两行，一级标题为黑体三号、居中、一级标题下空一行。一级标题正文部分为宋体、小四号，行距为 1.25。

二级标题为黑体四号、左对齐。二级标题正文部分为宋体、小四号，行距为 1.25。

三级标题为宋体、小四号、加粗、左对齐。三级标题正文部分为宋体、小四号，行距为 1.25。其他章节类似。

定义、定理按先后顺序排列，字体为宋体小四，定义和定理关键字加粗。

论文中图表、附注、参考文献、公式一律采用阿拉伯数字连续（或分章编号）；图序及图名置于图的下方；表序及表名置于表的上方；论文中的公式编号，用括弧括起写在右边行末，其间不加虚线。

4、参考文献部分页首空两行。参考文献为黑体三号、居中。参考文献下空一行。参考文献部分正文为宋体、五号。

5、致谢部分页首空两行。致谢两字为黑体三号、居中、字间空两字。致谢下空一行。致谢部分正文为宋体、小四，首行缩进两个字符。

图 3-58　论文排版要求

 项目分析

针对毕业论文复杂的格式设置要求，需要先将项目进行拆解，将其分解为页面布局、页眉页脚、文档样式、目录生成、论文注释、封面背景、打印设置这几个任务。所以本项目的思路是由简单到繁杂，首先进行简单页面设置，将论文的页边距、纸张大小、页面版式等设置好；其次使用内置样式或者设置自定义样式快速对论文进行排版、生成目录；最后对论文进行美化完善，从而实现论文各章节格式和正文格式的统一。

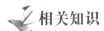 **相关知识**

1. 长文档的操作

长文档的特点是文档内容多，有章有节，有表有图，格式要求复杂，操作起来容易引起章节遗漏和格式混乱。

设置标准化的样式，针对不同的章节设置不同的样式，形成样式模板，再统一应用到长文档中，可以大大地减少对长文档的复杂操作，并能够快速排版，形成格式统一的文档。

具体的操作分为以下 8 个方面。

（1）页面设置和布局。

（2）设置并应用样式。

（3）自动生成目录。

（4）分页符与分节符的使用。

（5）插入并编辑页眉页脚。

（6）添加封面。

（7）添加注释。

（8）设置双面打印。

 专家点睛

一个长文档的样式设置完成后可以制作成长文档模板，这样的模板可以被其他多个人使用。使用者只需要在应用该模板后，在文档内输入文字即可，这样就可以快速、方便地创建符合要求、格式统一的长文档。

2. 设置并应用样式

1）应用内置样式

Word 2016 自带内置样式，如图 3-59 所示。

图 3-59　内置样式表

为便于及时查看论文应用样式后的排版效果，可使用 Word 2016 的"导航"窗格查看。

2）修改样式

使用内置样式显然不能满足论文的排版的要求，毕业论文不同级别的标题格式要求如表 3-1 所示，为了更加快速地完成样式的匹配，应该采用修改内置样式的方法来实现。

信息技术基础

表 3-1　毕业论文标题格式要求

样　式	字　体	字　号	段　落　格　式
一级标题（章）	黑体	三号	段前 30 磅，段后 16 磅，居中，段前分页
二级标题（节）	黑体	四号	段前、段后 5 磅，左对齐
三级标题（小节）	宋体	小四号、加粗	左对齐
正文	等线	小四号	首行缩进 2 个字符，行距 1.25

3）分页符和分节符

分页符和分节符在文档处理过程中实现两个不同的功能。分页符的功能主要是对文档标记一页结束和下一页开始的位置，而分节符的功能是将文档分成两个不同的部分，一般用于修改两个具有不同格式的页面。

 项目实现

本项目将利用 Word 样式工具对毕业论文进行排版，效果如图 3-60 所示。
（1）首先通过页面布局设置对页面的格式进行调整。
（2）利用分页符插入页眉页脚的内容。
（3）应用样式统一论文格式，并生成目录。
（4）美化论文。

图 3-60　毕业论文排版后的效果图

1. 页面设置与属性设置

对文档"毕业论文.docx"分别设置页边距、版式，操作步骤如下。

页面设置与属性设置

（1）设置页边距。打开文档"毕业论文.docx"，在"布局"选项卡的"页面设置"组中，单击"页边距"按钮，在弹出的下拉列表中选择"自定义边距"选项，打开"页面设置"对话框。

（2）在"页边距"选项卡中，分别填入上、下、左、右页边距和装订线的属性值，如图 3-61 所示。其中装订线的主要作用是避免论文后期装订时正文被覆盖。

（3）设置版式。在"版式"选项卡中，分别勾选"奇偶页不同"复选框和"首页不同"复选框，并将距边界"页眉"的值设为"2 厘米"，如图 3-62 所示。

图 3-61　"页面设置"对话框

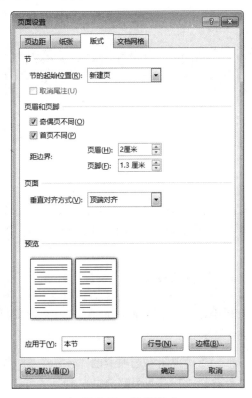

图 3-62　设置版式

对文档"毕业论文.docx"的属性进行设置，操作步骤如下。

（1）设置文档摘要。打开文档"毕业论文.docx"，选择"文件"→"信息"命令，在界面的右侧单击"属性"按钮，在弹出的下拉列表中选择"高级属性"选项，打开相应的对话框。

（2）选择"摘要"选项卡，输入标题"论小企业会计准则"，作者"会计学院张三"，单位"会计电算化 1 班"，如图 3-63 所示。

（3）查看文档统计信息。选择"统计"选项卡，查看所有该文档的相关统计信息，如图 3-64 所示。

图 3-63 "摘要"选项卡

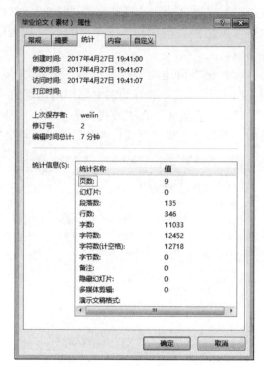

图 3-64 文档的相关统计信息

2．设置并应用样式

设置并应用样式

打开文档"毕业论文.docx"，应用内置样式，操作步骤如下。

（1）在"视图"选项卡的"显示"组中勾选"导航窗格"复选框，此时，Word 2016 文档界面会被分成左右两个部分，左侧是"导航"窗格，如图 3-65 所示，右侧是文档内容。

（2）选中文档中的"引言"（红色字体），选择"开始"选项卡"样式"组中的"标题 1"选项，依次把是章名的红色字体选中，并应用"标题 1"。

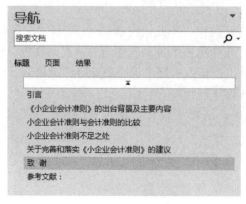

图 3-65 "导航"窗格

（3）在"开始"选项卡的"样式"组中，单击右下角的"对话框启动器"按钮，打开"样式"窗格，如图 3-66 所示，单击"选项"按钮，打开"样式窗格选项"对话框，如图 3-67 所示。

图 3-66　"样式"窗格

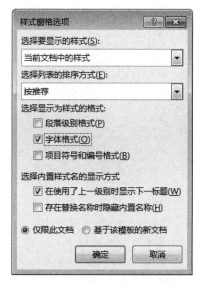

图 3-67　"样式窗格选项"对话框

（4）由于文档对不同级别的文本做了区分，一级标题（章）是红色，二级标题（节）是蓝色，三级标题（小节）是绿色，因此，在"样式窗格选项"对话框中，在"选择要显示的样式"下拉列表中选择"当前文档中的样式"选项，在"选择显示为样式的格式"选区中勾选"字体格式"复选框，在"选择内置样式名的显示方式"选区中勾选"在使用了上一级别时显示下一标题"复选框，单击"确定"按钮。

（5）在"样式"窗格的列表中单击"蓝色"下拉按钮，在弹出的下拉列表中选择"选择所有 11 个实例"选项，这时文档中所有的二级标题（节）都被选中，再选择样式中的"标题 2"选项。

依照上一步的操作，设置绿色字体的三级标题（小节），此时"导航"窗格会显示论文排版后的结构，如图 3-68 所示。

根据对毕业论文的排版要求修改内置样式，操作步骤如下。

（1）在完成内置样式的应用后，继续打开"样式窗格选项"对话框，取消对所有复选框的勾选，如图 3-69 所示。

（2）单击"确定"按钮。在"开始"选项卡的"样式"组中，单击右下角的"对话框启动器"按钮，打开"样式"窗格，右击"标题 1"选项，在弹出的快捷菜单中选择"修改"命令，打开"修改样式"对话框。

（3）设置字体为"黑体三号，居中"，单击"格式"按钮，在弹出的下拉列表中选择"段落"选项，如图 3-70 所示。

（4）在打开的"段落"对话框中，选择"缩进和间距"选项卡，设置段前"30 磅"，段后"16 磅"，切换到"换行和分页"选项卡，勾选"段前分页"复选框，单击"确定"按钮。

（5）同样方法，依次对标题2、标题3进行操作，最终可以得到符合毕业论文格式要求的标题样式。

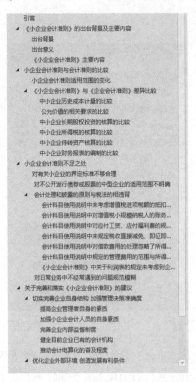

图 3-68　通过内置样式排版的论文结构

图 3-69　"样式窗格选项"对话框

图 3-70　"修改样式"对话框

　　用户不仅能够通过应用内置样式和修改样式来满足用户对于统一格式的需要，而且可以自定义新的样式。根据对正文格式的要求"等线中文，小四号，行距1.25倍，首行缩进两个字符"，对论文正文设置自定义样式，操作步骤如下。

（1）将光标定位在正文的任意位置，打开"样式"窗格，单击"新建样式"按钮，打开"根据格式化创建新样式"对话框，如图 3-71 所示。

（2）修改名称为"论文正文"，选择"后续段落样式"为"正文"，同时修改格式为"等线中文，小四号"。

（3）单击"格式"按钮，在弹出的列表中选择"段落"选项，打开"段落"对话框，设置首行缩进"2 个字符"，行距为"1.25 倍行距"，单击"确定"按钮返回上一级对话框，单击"确定"按钮。

（4）再次将光标定位在正文的任意位置，在"样式"窗格中单击"正文"下拉按钮，在弹出的下拉列表中选择"选择所有 102 个实例"选项，如图 3-72 所示，应用"论文正文"样式。

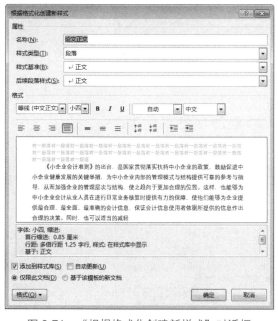

图 3-71　"根据格式化创建新样式"对话框

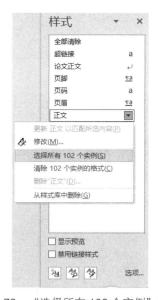

图 3-72　"选择所有 102 个实例"选项

为了对各章节内容做区分，需要使用多级标题编号，根据"毕业论文"的排版要求，一级标题格式为"第 X 章"，二级标题为"X.Y"，三级标题为"X.Y.Z"，为了快速生成有规律的标题编号，使用"定义多级列表"功能，操作步骤如下。

（1）将光标定位在任一标题 1 的位置，在"开始"选项卡的"段落"组中单击"多级列表"下拉按钮，在弹出的下拉列表中选择"定义新的多级列表"选项，打开"定义新多级列表"对话框，如图 3-73 所示。

（2）将光标定位到应用标题 2 样式的任一文本位置，在"定义新多级列表"对话框的"单击要修改的级别"列表框中选择"2"选项，在"输入编号的格式"文本框中设置内容为空，将鼠标指针定位在该文本框，在"包含的级别编号来自"下拉列表中选择"级别 1"选项，文本框中会出现"一"，在"一"后面输入"."，变成了"一."。在"此级别的编号样式"下拉列表中选择"1,2,3,…"选项，文本框中会显示"一.1"，为了保证格式一致，勾选"正规形式编号"复选框，如图 3-74 所示。

图 3-73　"定义新多级列表"对话框

图 3-74　设置二级标题

（3）单击"确定"按钮，完成标题 2 的设置。

（4）对标题 3 样式的多级标题设置与标题 2 类似。在"定义新多级列表"对话框中，在"单击要修改的级别"列表框中选择"3"选项，把鼠标指针定位在"输入编号的格式"空白文本框内，在"包含的级别编号来自"下拉列表中选择"级别一"选项，文本框中会显示"二"，在"二"后面输入"."。再选择"包含的级别编号来自"下拉列表中的"级别二"选项，在"二.2"后面输入"."，最后在"此级别的编号样式"下拉列表中选择"1,2,3,…"选项，文本框中会显示"二.2.1"，为了保证格式一致，勾选"正规形式编号"复选框，如图 3-75 所示。

（5）单击"确定"按钮，完成标题 3 的设置。

图 3-75　设置三级标题

自动生成目录

3．自动生成目录

利用标题样式可以快速自动生成目录，而且在目录生成后，如果文档内容发生修改，还可以随时更新目录，实现目录与章节内容的统一，操作步骤如下。

（1）将光标定位在"英文摘要"之后的空白位置，输入"目录"，并设置其格式为"小四，黑体，居中"。

（2）在"引用"选项卡的"目录"组中，单击"目录"按钮，在弹出的下拉列表中选择"自定义目录"选项，打开"目录"对话框，依次勾选"显示页码"和"页码右对齐"复选框，设置"显示级别"为"3"，如图 3-76 所示。

图 3-76　"目录"对话框

（3）单击"修改"按钮，打开"样式"对话框，选择样式为"目录 1"，如图 3-77 所示。

（4）单击"修改"按钮，打开"修改样式"对话框，设置目录 1 的格式为"小四，黑体"，如图 3-78 所示，单击"确定"按钮即可生成目录。

图 3-77　"样式"对话框

图 3-78　"修改样式"对话框

4．分节符与分页符的使用

对"毕业论文.docx"文档运用分节符和分页符的功能，在目录和英文摘要之间使用不同的格式，在目录和正文之间使用不同的格式，操作步骤如下。

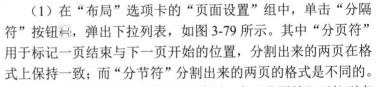

分节符与分页符

图 3-79　单击"分隔符"按钮弹出的下拉列表

（1）在"布局"选项卡的"页面设置"组中，单击"分隔符"按钮，弹出下拉列表，如图 3-79 所示。其中"分页符"用于标记一页结束与下一页开始的位置，分割出来的两页在格式上保持一致；而"分节符"分割出来的两页的格式是不同的。

（2）将光标定位在"目录"前面，在"分隔符"下拉列表中，从"分节符"选区中选择"下一页"选项。

（3）将光标定位在"第一章"前面，同样在"分隔符"下拉列表中，从"分节符"选区中选择"下一页"选项，这样文章就被分成了 3 节，每一节都可以应用不同的文档格式，也为之后设置不同的页码打下基础。

5．添加页眉与页脚

添加页眉与页脚

"毕业论文.docx"文档的目录部分和正文部分的页码往往是不同的，目录使用的页码是 I，II，III，…，而正文使用的页码是 1，2，3，…，所以不同的页面格式可以使用分节符来解决，如图 3-80 所示。另外，论文在排版过程中"奇偶页"的页码不仅要连贯，而且位置也要有所变化，利用页眉页脚设置页码，操作步骤如下。

图 3-80　文章分节示意图

（1）将光标定位在目录页的任意位置，在"插入"选项卡的"页眉和页脚"组单击"页脚"按钮，在弹出的下拉列表中选择"编辑页脚"选项，打开如图 3-81 所示的页面。

（2）选择奇数页第 2 节的页面，单击"链接到前一条页眉"按钮，取消链接到前一条页眉，再次选择偶数页"第 2 节"，取消链接到前一条页眉。

图 3-81　"奇数页页脚"页面

（3）按照上一步的操作，将光标定位在第 3 节的"引言"部分，同样在"插入"选项卡的"页眉和页脚"组中，单击"页脚"按钮，在弹出的下拉列表中选择"编辑页脚"选项。

（4）选择奇数页第 3 节的页面，单击"链接到前一条页眉"按钮，取消链接到第 2 节的内容，另外再选择"偶数页页脚"，同样单击"链接到前一条页眉"按钮，将第 3 节所有页面都取消格式链接。

设置"毕业论文"各节的页脚，第 1 节不需要页脚，第 2 节设置为 I，II，III，…，并且居中显示，第 3 节为 1，2，3，…，需要加上文章标题，而且分别显示在左右侧，操作步骤如下。

（1）将光标定位在目录页，在"插入"选项卡的"页眉和页脚"组中，单击"页脚"按钮，在弹出的下拉列表中选择"编辑页脚"选项。此时光标定位在"奇数页页脚"第 2 节空白位置处。

（2）在"插入"选项卡的"页眉和页脚"组中，单击"页码"按钮，在弹出的下拉列表中选择"设置页码格式"选项，打开"页码格式"对话框。

（3）设置编号格式为"I，II，III…"，选中"起始页码"单选按钮，如图 3-82 所示。

图 3-82　"页码格式"对话框

（4）单击"确定"按钮。再次单击"页码"按钮，在弹出的下拉列表中选择"页面底端"→"堆叠纸张 1"选项，这时页面底端便会出现如图 3-83 所示的页脚格式。

（5）用同样的方法将光标定位在"偶数页页脚"第 2 节空白处，单击"页码"按钮，在弹出的下拉列表中选择"页面底端"选项，选择"堆叠纸张 2"选项，这时页面底端会出现如

图 3-84 所示的页脚格式。

图 3-83　奇数页页脚格式

图 3-84　偶数页页脚格式

（6）用同样的方法设置第 3 节正文的页面格式。将光标定位在正文"奇数页页面"底端，再次单击"页码"按钮，在弹出的下拉列表中选择"设置页码格式"选项，打开"页码格式"对话框。

（7）设置编号格式为"1,2,3,…"，选中"起始页码"单选按钮，单击"确定"按钮。

（8）将光标定位在"奇数页页面"空白处，单击"页码"按钮，在弹出的下拉列表中选择"页面底端"→"普通数字 1"选项，将光标定位在偶数页页面空白处，同样单击"页码"按钮，在弹出的下拉列表中选择"页面底端"选项，选择"普通数字 2"选项。

页眉的设置和页脚类似，在"毕业论文.docx"文档的摘要和目录上没有页眉，设置正文偶数页页眉左侧是学校名称，右侧是章节名，奇数页页眉左侧是章节名，右侧是学校名称，操作步骤如下。

（1）在"插入"选项卡的"页眉和页脚"组中，单击"页眉"按钮，在弹出的下拉列表中选择"空白（三栏）"选项，此时显示如图 3-85 所示的页眉格式。

图 3-85　"空白（三栏）"页眉格式

（2）选择中间的部分，删除，单击页眉左侧，在此处输入"郑州财税金融职业学院"，然后将鼠标指针定位在页眉右侧，在"插入"选项卡的"文本"组中，单击"文档部件"按钮，在弹出的下拉列表中选择"域"选项，打开"域"对话框。

（3）设置类别为"链接和引用"，域名为"StyleRef"，样式名为"标题 1"，如图 3-86 所示。

（4）单击"确定"按钮，此时文章标题会显示在页面上，将光标定位在标题前，再次单击"文档部件"按钮，在弹出的下拉列表中选择"域"选项，打开"域"对话框，勾选"插入段落编号"复选框，单击"确定"按钮，页眉效果如图 3-87 所示。

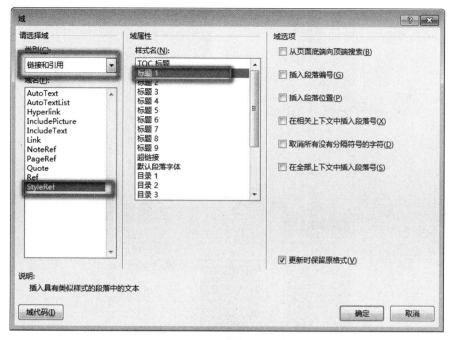

图 3-86 "域"对话框

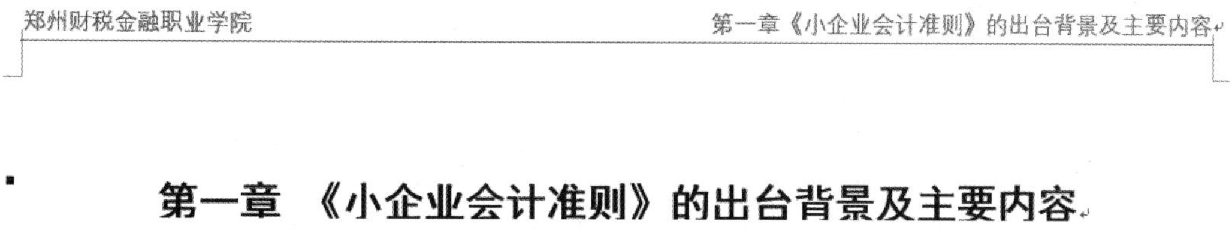

第一章　《小企业会计准则》的出台背景及主要内容

图 3-87 "偶数页"页眉效果

（5）重复前面 4 个步骤，调换插入顺序，即可完成"奇数页"的页眉设置，如图 3-88 所示。

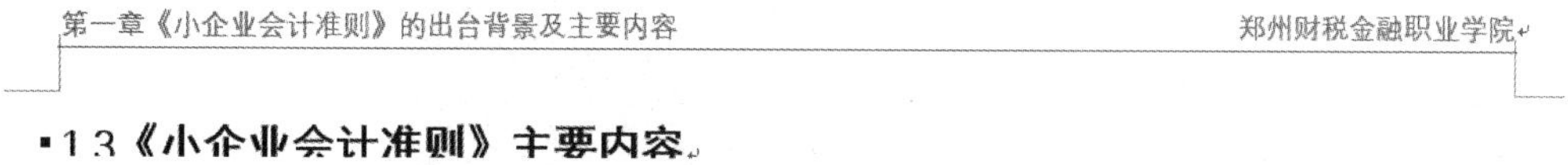

1.3《小企业会计准则》主要内容

图 3-88 "奇数页"页眉效果

6. 添加论文封面

为了论文的完整性，在论文完成之后，需要给论文加一个封面。这里，利用 Word 2016 的封面功能来进行快速设置，操作步骤如下。

添加论文封面

（1）在"插入"选项卡的"页面"组中，单击"封面"按钮，弹出下拉列表，如图 3-89 所示。

图 3-89 "封面"下拉列表

（2）选择"奥斯汀"类型封面，在模板中修改相应选项，将论文题目和作者信息输入相应的文本框中，生成如图 3-90 所示的封面。

图 3-90 封面效果

（3）如果对论文封面的效果不满意，还可以重新插入封面，每次插入都会替换当前封面，而且是在论文的第一页。如果不需要封面，直接在"插入"选项卡的"页面"组中单击"封面"按钮，在弹出的下拉列表中选择"删除当前封面"选项即可。

7．添加脚注与尾注

论文在书写过程中，需要注明引用文档的来源及位置，这就需要用到添加脚注和尾注功能了，脚注一般在当前页面的下方，而尾注一般在所有文字的结尾处，操作步骤如下。

添加脚注与尾注

（1）这里以在"中小企业的自身管理存在着问题等重要原因"文字之后添加脚注为例，将鼠标指针定位在该句文字的后面，在"引用"选项卡的"脚注"组中，单击右下角的"对话框启动器"按钮，打开"脚注和尾注"对话框，如图 3-91 所示。

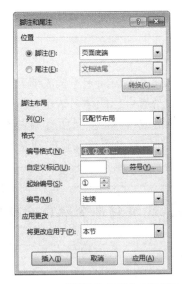

图 3-91　"脚注和尾注"对话框

（2）设置"编号格式"为"①，②，③…"，单击"插入"按钮，将光标定位在脚注下，输入文字"高晓兰．中小企业人力资源管理存在的问题及对策分析[J]．改革与开放，2010，（14）：67．"。

（3）单击文档的任意空白处，即可完成脚注的插入。

（4）尾注的插入与脚注插入的方法类似，只是需要在"脚注和尾注"对话框中，在"位置"选区内选中"尾注"单选按钮，当然也可以直接单击"转换"按钮，将"脚注"转换为"尾注"，单击"插入"按钮，即可完成尾注的插入。

8．双面打印论文

由于论文设置了奇偶页，因此，对论文的双面打印，可以采用先打印"奇数"页，再打印"偶数"页的方法，操作步骤如下。

（1）选择"文件"→"打印"命令，在"设置"选项组中单击"打印所有页"下拉按钮，

在弹出的下拉列表中选择"仅打印奇数页"选项，然后单击"打印"按钮 ，打印奇数页。

（2）将纸张翻转过来，选择"文件"→"打印"命令，在"设置"选项组中单击"打印所有页"下拉按钮，在弹出的下拉列表中选择"仅打印偶数页"选项，再单击"打印"按钮，打印偶数页。至此，双面打印完成。

项目 5
利用邮件合并功能批量生成成绩单

 项目描述

蔡老师在期末考试结束后，拿到了班级期末考试成绩表，按照学校的要求，要给每位同学发放期末考试成绩单，以便于学生了解自己的学习情况。蔡老师需要制作 37 份成绩单，为了节约纸张，她想在一张纸上打印两份成绩单，并且所有期末考试在 320 分以上的同学，考核为优秀，如图 3-92 所示。蔡老师咨询了教办公自动化的刘老师，得知可以利用邮件合并功能来实现。下面是刘老师的分析和操作。

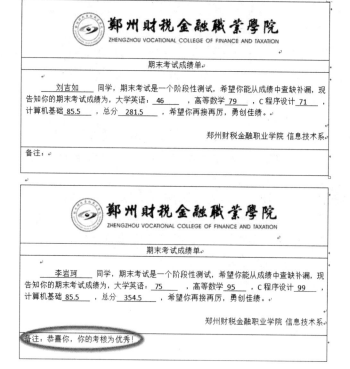

图 3-92 成绩单效果

项目分析

首先，设计并制作一份成绩单的模板，并把需要填充的信息空出来，另外，整理好成绩并用 Excel 制作成表格。做好以上准备工作后，使用邮件功能中的"使用现有列表"功能导入数据源，并对每一个空出来的信息逐个填充，对考核优秀的同学使用"规则"来进行设定，完成设计之后可以通过"合并"来进行数据批量导入。

相关知识

在学校里经常会遇到批量制作成绩单、录取通知书、准考证、学生一卡通等工作，进入社会后，还会遇到制作会议邀请函、面试通知书、新年贺卡等工作，遇到这些工作量大的情况，可以使用 Word 的邮件合并功能来快速地批量生成需要的文档。

1．邮件合并

邮件合并是将表中变化的信息逐个导入设定好模板内容的 Word 文档中。它能够快速批量生成所需要的文档，极大地提升了效率。

2．邮件合并的方法

被导入的表的来源可以是 Excel 文件、各种数据库文件（SQL Server，MySQL，Access）等，这些表中的数据都是结构化排列的，能够直接被作为数据源使用。

邮件合并功能的使用可以直接通过"邮件"功能区来实现批量生成文档，也可以通过"邮件合并向导"来分步骤引导用户批量生成文档。

具体的操作分为以下 7 个步骤。

（1）制作 Word 模板。

（2）选择数据源文件。

（3）插入合并域。

（4）预览模板效果。

（5）排版文档。

（6）合并批量生成文档。

（7）保存文档。

 专家点睛

在利用"邮件"功能区进行邮件合并的过程中，可以针对用户的要求进行个性化设计，利用"规则"进行条件设置，编写特定的合并域。

本项目将利用"邮件"选项卡的"开始邮件合并"组、"编写和插入域"组及"完成"组中的工具来完成批量文档的生成。

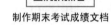
制作期末考试成绩文档

1. 制作期末考试成绩文档

首先准备好主文档模板和数据源文件，并将这几个文件放到一个文件夹下，操作步骤如下。

（1）设计主（模板）文档。打开 Word 2016，利用之前所学的图文混排技术，制作如图 3-93 所示的文档模板。

图 3-93　空白内容的文档模板

（2）准备数据源文件。利用 Excel 表整理班级学生的期末考试成绩，如图 3-94 所示。

图 3-94　整理后的成绩表

（3）将以上两个文件均保存在"期末成绩"文件夹下。

打开模板文档，并在模板文档上引用数据源，操作步骤如下。

（1）引用数据源。打开"成绩通知单（模板）.docx"，在"邮件"选项卡的"开始邮件合并"组中，单击"选择收件人"按钮，在弹出的下拉列表中选择"使用现有列表"选项，打开"选取数据源"对话框。

（2）打开"期末成绩"文件夹，选择"学生成绩单（Excel）.xls"文件，如图 3-95 所示。

图 3-95　"选取数据源"对话框

（3）单击"打开"按钮，打开"选择表格"对话框，选择"期末考试成绩"表，如图 3-96 所示。

图 3-96　"选择表格"对话框

（4）单击"确定"按钮，完成对数据源的选择。

将"姓名"及各科"分数""总分"通过数据源引入模板文档中，操作步骤如下。

（1）插入合并域。将光标定位在"同学"前的横线上，在"邮件"选项卡的"编写和插入域"组中，单击"插入合并域"按钮，在弹出的下拉列表中选择"姓名"选项。

（2）将光标定位在"大学英语"后的横线上，单击"插入合并域"按钮，在弹出的下拉列表中选择"大学英语"选项。

（3）重复以上两步操作，依次将空白横线位置插入合并域，插入后的效果如图 3-97 所示。

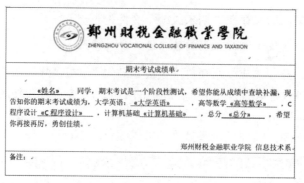

图 3-97　插入合并域后的文档效果

由于需要在"备注"区域为所有总分大于 320 分的同学标注"恭喜你，考核成绩为优秀"，因此需要利用"编写和插入域"组中的"规则"功能来添加条件判断。

（1）添加规则。将光标定位在"备注："后面，在"邮件"选项卡的"编写和插入域"组中，单击"规则"按钮，在弹出的下拉列表中选择"如果…那么…否则"选项，打开"插入 Word 域：IF"对话框。

（2）设置域名为"总分"，比较条件为"大于等于"，比较对象为"320"，如图 3-98 所示。

图 3-98　"插入 Word 域：IF"对话框

（3）单击"确定"按钮。在"邮件"选项卡的"预览结果"组中，单击"预览结果"按钮，插入的结果显示在模板文档中，如图 3-99 所示。保存文件为"成绩通知单（模板）有域.docx"。

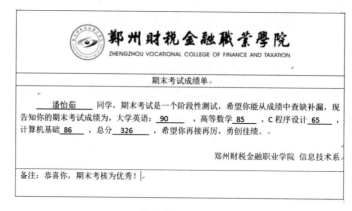

图 3-99　期末考试成绩单预览结果

2. 批量生成成绩单

批量生成成绩单

为了节约纸张，要在一张纸上打印两份成绩单，需要通过执行"规则"→"下一记录"命令来实现，操作步骤如下。

（1）打开"成绩通知单（模板）有域.docx"文档，全选并复制。

（2）将光标定位在表格下方空白处，在"邮件"选项卡的"编写和插入域"组中，单击"规则"按钮，在弹出的下拉列表中选择"下一记录"选项，此时空白处会出现"《下一记录》"。

（3）按"Enter"键，然后在空白处粘贴第（1）步复制的表格，如图 3-100 所示。

图 3-100　两份成绩单在一张纸上

合并数据，生成成绩单，操作步骤如下。

（1）在"邮件"选项卡的"完成"组中，单击"完成并合并"按钮，在弹出的下拉列表中选择"编辑单个文档"选项，打开"合并到新文档"对话框。

（2）选中"全部"单选按钮，如图 3-101 所示。

图 3-101　"合并到新文档"对话框

（3）单击"确定"按钮，所有同学的成绩单就一次性批量生成了，保存文件，然后打印即可。

单 元 小 结

本单元共完成 5 个项目，学完后应该有以下收获。

- 掌握 Word 2016 的启动和退出。
- 熟悉 Word 2016 的工作界面。
- 掌握文档的基本操作。
- 掌握文档中文本的输入及编辑。
- 掌握文档字体及段落格式的设置。
- 掌握文档中表格的插入。
- 掌握表格中文字的输入及表格格式的设置。
- 掌握文本框的插入及编辑。
- 掌握图片的插入及编辑。
- 掌握页面整体效果的设置。
- 掌握样式的使用。
- 掌握目录的自动生成。
- 熟练使用分节符和分页符。
- 掌握页眉和页脚的添加。
- 掌握封面的添加。
- 掌握脚注和尾注的添加。
- 掌握双面打印论文。
- 掌握建立邮件合并需要的模板文档和数据源文件。
- 掌握插入合并域，建立文本文档与数据源的联系。
- 掌握规则的添加。
- 掌握一页中生成两张成绩通知单的方法。

课 外 自 测

一、单选题

1. Word 2016 视图中，显示效果与实际打印效果最接近的视图方式是_____。

    A．普通视图   B．页面视图

    C．联机版视图   D．主控文档视图

2. 窗口被最大化后如果要调整窗口大小，则正确的操作是_____。

A．用鼠标拖动窗口的边框线

B．单击"还原"按钮，再用鼠标拖动边框线

C．单击"最小化"按钮，再用鼠标拖动边框线

D．用鼠标拖动窗口的四角

3．选择"文件"→"关闭"命令，是＿＿＿＿＿＿＿＿。

A．退出 Word 2016 系统

B．关闭 Word 2016 下所有打开的文档窗口

C．将 Word 2016 中当前的活动窗口关闭

D．将 Word 2016 中当前的活动窗口最小化

4．Word 2016 中保存文档的命令出现在"＿＿＿＿＿"选项卡中。

A．插入　　　　　　　　　　　B．页面布局

C．文件　　　　　　　　　　　D．开始

5．在 Word 2016 的"文件"选项卡中，对已保存过的文件，关于"保存"和"另存为"两个选择，下列说法中正确的是＿＿＿＿＿＿＿＿。

A．"保存"只能用原文件名存储，"另存为"不能用原文件名存储

B．"保存"不能用原文件名存储，"另存为"只能用原文件名存储

C．"保存"只能用原文件名存储，"另存为"也能用原文件名存储

D．"保存"和"另存为"都能用任意原文件名存储

6．在 Word 2016 中，要用模板来生成新的文档，一般应先选择＿＿＿＿，再选择模板名。

A．"文件"→"打开"　　　　　B．"文件"→"新建"

C．"引用"→"样式"　　　　　D．"文件"→"选项"

7．Word 2016 启动后，将自动打开一个名为"＿＿＿＿＿＿"的文档。

A．BOOK1　　　　　　　　　　B．NONAME

C．文档 1　　　　　　　　　　D．文件 1

8．在 Word 2016 中，要将图片作为水印，应修改图片的环绕方式为＿＿＿＿＿＿＿。

A．四周型　　　　　　　　　　B．紧密型

C．衬于文字上方　　　　　　　D．衬于文字下方

9．在 Word 2016 中，单击"项目符号"按钮后，＿＿＿＿＿＿＿＿＿。

A．可在现有的所有段落前自动添加项目符号

B．仅在插入点所在的段落前自动添加项目符号，对之后新增的段落不起作用

C．仅在之后新增的段落前自动添加项目符号

D．可在插入点所在的段落和之后新增的段落前自动添加项目符号

10．在 Word 2016 中，用户可以利用＿＿＿＿＿＿＿＿很方便、直观地改变段落缩进方式、调整文档的左右边界和改变表格的列宽。

A．标尺　　　　　　　　　　　B．工具栏

C．菜单栏　　　　　　　　　　D．格式栏

11．在 Word 2016 的段落对齐方式中，能使段落中每一行（包括未输满的行）都保持首尾对齐的是＿＿＿＿＿＿＿＿。

A．左对齐   B．两端对齐

C．居中对齐   D．分散对齐

12．在 Word 2016 中，下面关于文本框操作叙述错误的是_____。

A．在文本框中，可以插入文字、表格和图形

B．在文本框上单击，文本框外围出现虚线框，此时选定的是文本框

C．文本框的大小可以通过拖动文本框上的控制点来改变

D．文本框的位置和大小都可以改变

13．如果两个文本框要建立链接，建立链接的按钮在"_____"选项卡下。

A．开始   B．格式

C．插入   D．绘图工具/格式

14．选定整个表格，按"Delete"键，所删除的是_____。

A．表格线   B．表格中的文字

C．表格与表格中的数据   D．都不能删除

15．以下说法正确的是_____。

A．移动文本的方法是：选择文本，粘贴文本，在目标位置移动文本

B．移动文本的方法是：选择文本，复制文本，在目标位置粘贴文本

C．复制文本的方法是：选择文本，剪切文本，在目标位置复制文本

D．复制文本的方法是：选择文本，复制文本，在目标位置粘贴文本

16．在表格中选定某一个单元格，当用鼠标拖动它的左、右框线时，改变的是_____的宽度。

A．选定列   B．整个表格

C．选定行   D．选定单元格

17．当用户的输入可能出现_____，则会用绿色波浪下画线标注。

A．错误文字   B．不可识别的文字

C．语法错误   D．中英文互混

18．艺术字在文档中以_____方式出现。

A．公式   B．图形对象

C．普通文字   D．样式

19．在 Word 2016 中编辑文本时，显示的网格线在打印时_____出现在纸上。

A．不会   B．全部

C．一部分   D．大部分

20．在 Word 2016 文档中插入数学公式，在"插入"选项卡中应选择"_____"分组中的命令。

A．符号   B．插图

C．文本   D．链接

二、实操题

1．利用艺术字、图片、文本框及图文混排图片样式制作如图 3-102 所示的封面。

图 3-102　封面效果

提示：插入文本框输入文字（黑体，四号），插入素材图片，设置环绕方式为"衬于文字下方"，插入艺术字（黑体，三号），设置文字效果；最后设置图片样式。

2．利用表格制作如图 3-103 所示的课程表。

郑州财税金融职业学院

202×—202×学年第一学期班级课程表

系_____级_____班　辅导员_____人数_____

课程\节次\教室\星期	上午				下午			
	1-2 节		3-4 节		5-6 节		7-8 节	
	课程	教室	课程	教室	课程	教室	课程	教室
星期一								
星期二								
星期三								
星期四								
星期五								

说明：

1．主院由北向南依次为 1 号教学楼、2 号教学楼、3 号教学楼、4 号教学楼，东楼为科技馆、西楼为图书馆、西北楼为办公楼。

2．本课程表自_____年_____月_____日起实施。

图 3-103　课程表效果

提示：插入 13 行 9 列表格，通过合并单元格和拆分单元格操作完成课程表的制作，通过

形状绘制斜线头；输入文字，居中显示，填充底纹，加双外边框线。

3．利用图文混排功能制作如图 3-104 所示的报纸版面。

提示：报头部分利用文本框、艺术字完成，插入 2 行 3 列表格，填充底纹，文本框输入文字并添加项目符号，绘制形状，输入文本，设置首行下沉及分栏，插入图片，环绕方式为"四周"，最后添加页边框及页面颜色。

图 3-104　报纸效果

4．利用邮件合并功能制作如图 3-105 所示的批量奖状。

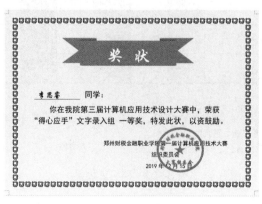

图 3-105　奖状效果

图 3-105　奖状效果（续）

提示：①奖状模板绘制。纸张大小 B5，横向，页边距均为 0，添加页边框，插入形状，输入文字。②红章制作。绘制正圆，轮廓线为 6 磅红色，绘制五角星，填充红色，无轮廓线，输入艺术字，设置文字效果为转换和跟随路径。红章环绕方式为衬于文字上方。③建立数据源"成绩.xlsx"文档。④引用数据源并插入合并域。⑤合并数据，生成批量奖状。

[1] 危辉. 计算机是怎么工作的[M]. 上海：上海教育出版社，2019.

[2] 刘知远，崔安颀，等. 大数据智能：数据驱动的自然语言处理技术[M]. 北京：电子工业出版社，2019.

Excel 基本应用

电子表格软件 Excel 可以输入/输出数据，并对数据进行复杂的计算，将计算结果显示为可视性极佳的表格或美观的彩色商业图表，极大地增强了数据的表现性。本单元将通过 5 个项目来学习 Excel 工作簿的基本操作，包括输入数据和设置格式的方法与技巧，制作美化图表，使用公式和函数，整理、分析和管理数据，建立数据透视表等内容。

项目 1
制作学籍表

项目描述

开学之初，教务处为了方便管理学籍，需要依据全校学生的情况创建"学籍表"，并对该表进行排版和美化。

项目分析

首先建立一个工作簿，将空白工作表改名为"学籍表"。其次在工作表中输入原始数据，完成"学籍表"的创建。最后对工作表进行排版和美化，并保存工作表。

相关知识

1．Excel 2016 的启动和退出

1）启动 Excel 2016

方法 1："开始"菜单启动。单击"开始"按钮，在打开的"开始"菜单中选择"Excel 2016"命令，如图 4-1 所示，即可启动 Excel 2016。

方法 2：从快捷方式启动。双击 Windows 桌面上的 Excel 2016 快捷方式图标，即可启动 Excel 2016，如图 4-2 所示。

方法 3：双击 Excel 2016 文件启动。在计算机上双击任意一个 Excel 2016 文件，在打开该文件的同时即可启动 Excel 2016，如图 4-3 所示。

图 4-1　"开始"菜单启动

图 4-2　快捷方式图标

图 4-3　双击 Excel 文件启动

2）退出 Excel 2016

方法 1：选择"文件"→"关闭"命令，或者按"Alt+F4"组合键关闭 Excel 窗口，退出 Excel 2016。

方法 2：直接单击 Excel 2016 标题栏右侧的"关闭"按钮 ✕ 退出 Excel 2016。

方法 3：右击标题栏上的 Excel 2016 程序控制图标，在弹出的下拉列表中选择"关闭"选项，如图 4-4 所示，即可退出 Excel 2016。

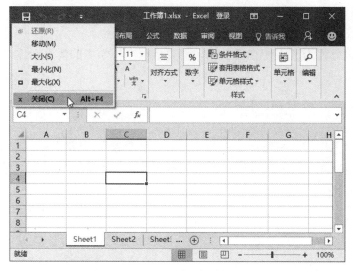

图 4-4　"关闭"选项

2．Excel 2016 的工作界面

启动后的 Excel 2016 的工作界面如图 4-5 所示。

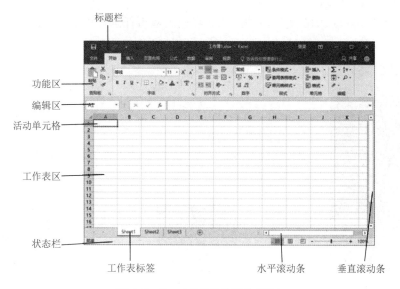

图 4-5　Excel 2016 的工作界面

Excel 2016 的工作界面主要由标题栏、功能区、编辑区、工作表区、工作表标签、滚动条和状态栏等组成。

1）标题栏

位于操作界面的顶部，主要由程序控制图标、快速访问工具栏、工作簿名称及窗口控制按钮组成。其中快速访问工具栏显示了 Excel 中常用的几个命令按钮，如"保存"按钮![]、"撤销"按钮![]、"恢复"按钮![]等。快速访问工具栏中的命令按钮可以根据需要自行设置，单击其后的"自定义快速访问工具栏"按钮![]，弹出下拉列表，选择需要的命令即可添加，再次选择即可去除。而程序控制图标和窗口控制按钮则用来控制工作窗口的大小和退出 Excel 2016 程序。

 专家点睛

一个 Excel 文件就是一个扩展名为".xlsx"的工作簿文件，而一个工作簿文件又是由若干个工作表或图表构成的。当新建工作簿时，其默认的名称为"工作簿1"，可在保存时对其进行重新命名。

2）功能区

将常用功能和命令以选项卡、按钮、图标或下拉列表的形式分门别类地显示。另外，将文件的新建、保存、打开、关闭及打印等功能整合在"文件"选项卡下，便于使用。功能区的右上角还有"功能区设置"按钮![]。

3）编辑区

编辑区由"名称框"和"编辑栏"组成。"名称框"显示当前单元格或当前区域的名称。也可用于快速定位单元格或区域。"编辑栏"用于输入或编辑当前单元格的内容。

 专家点睛

单击编辑栏，名称框和编辑栏之间将出现"取消"按钮![]、"输入"按钮![]和"插入函数"按钮![]。如果 Excel 窗口中没有编辑栏，则在"视图"选项卡中单击"显示"按钮![]，在弹出的下拉列表中选择"编辑栏"选项即可显示编辑栏。

4）工作表区

工作表区是由若干个单元格组成的。用户可以在工作表区中输入各种信息。Excel 2016 强大的功能，主要是依靠对工作表区中的数据进行编辑和处理来实现的。

 专家点晴

单元格是工作表的基本单元，它由行和列表示。一张工作表可以有 1 ~ 1048576 行，A ~ XFD 列。活动单元格即为当前工作的单元格。

5）工作表标签

工作表标签位于工作表区域的左下方，用于显示正在编辑的工作表名称，在同一个工作簿内单击相应的工作表标签可在不同的工作表间进行选择与转换。

 专家点晴

新建的工作簿默认情况下有 3 张工作表，名称分别为 Sheet1、Sheet2 和 Sheet3。可以对它们重新命名。如果想改变默认的工作表数，可以选择"文件"→"选项"命令，在打开的"Excel 选项"对话框中，选择"常规"选项，在"包含的工作表数"数值框内进行设置即可，如图 4-6 所示。

图 4-6 "Excel 选项"对话框

6）滚动条

滚动条主要用来移动工作表的位置，有水平滚动条和垂直滚动条两种，都包含滚动箭头和滚动框。

7）状态栏

状态栏位于操作界面底部，其中最左侧显示的是与当前操作相关的状态，分为就绪、输入和编辑。状态栏右侧显示了工作簿的"普通" ⊞、"页面布局" ▣ 和"分页预览" ⊔ 3 种视图模式和显示比例，系统默认的是"普通"视图模式。

3．工作簿的使用

工作簿是工作表的集合。Excel 中的每一个文件都是以工作簿的形式保存的。一个工作簿最多可包含 255 张相互独立的工作表。

1）新建工作簿

Excel 2016 启动后会自动建立一个名为"工作簿 1"的空白工作簿。用户也可以另外建立一个新的工作簿。

新建空白工作簿的方法为选择"文件"→"新建"命令，在右侧"新建"列表框中选择"空白工作簿"选项，如图 4-7 所示，即可创建一个空白工作簿；也可以在快速访问工具栏中单击"新建"按钮▯新建工作簿；或者按"Ctrl+N"组合键直接新建一个空白工作簿。

图 4-7　新建空白工作簿

根据模板新建工作簿的方法为选择执行"文件"→"新建"命令，在右侧列表中选择所需模板，打开该模板创建的对话框，可以单击"向后"按钮▶或"向前"按钮◀更换模板，单击"创建"按钮，如图 4-8 所示，即可新建一个工作簿。

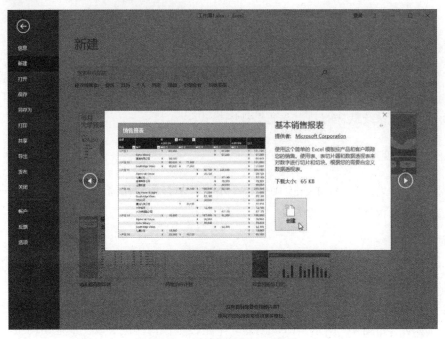

图 4-8　根据模板新建工作簿

2）保存工作簿

要保存新建的工作簿，可选择"文件"→"保存"命令，在右侧"另存为"列表中双击"这台电脑"选项，如图 4-9 所示，在打开的"另存为"对话框中单击左侧列表，选择文件保存的位置并输入文件名，然后单击"保存"按钮即可保存文件，如图 4-10 所示。

图 4-9　保存工作簿

图 4-10　"另存为"对话框

专家点睛

对已保存过的工作簿，如果在修改后还要按原文件名进行保存，则可直接单击快速访问工具栏中的"保存"按钮，或选择"文件"→"保存"命令，或按"Ctrl+S"组合键。如果要对修改后的工作簿进行重命名，则可选择"文件"→"另存为"命令，将打开"另存为"对话框，然后按照保存新建工作簿的方法进行相同操作即可。

3）打开工作簿

选择"文件"→"打开"命令，双击右侧列表中的"这台电脑"选项，如图 4-11 所示，打开"打开"对话框，如图 4-12 所示。在左侧列表中选择工作簿所在的位置，在中间列表中选择用户要打开的工作簿，然后单击"打开"按钮或双击用户所选择的工作簿即可打开该文件。

图 4-11　打开工作簿

图 4-12　"打开"对话框

 专家点睛

对用户最近编辑过的工作簿，可以通过"最近所用文件"命令快速地找到并打开。选择"文件"→"打开"命令，选择"打开"列表中的"最近"选项，在展开的右侧列表中选择所需要的工作簿即可打开，如图 4-13 所示。

图 4-13　打开最近的工作簿

4）关闭工作簿

方法1：选择"文件"→"关闭"命令，关闭打开的工作簿。

方法2：单击工作簿窗口的"关闭"按钮，也可关闭工作簿。

5）保护具有重要数据的工作簿

为了防止他人随意对一些存放重要数据的工作簿进行篡改、移动或删除，可通过 Excel 提供的保护功能对重要工作簿设置保护密码。

（1）打开需要保护的工作簿，在"审阅"选项卡的"更改"组中，单击"保护工作簿"按钮，打开"保护结构和窗口"对话框，如图4-14所示。

（2）在"密码（可选）"文本框中输入密码，单击"确定"按钮，打开"确认密码"对话框，如图4-15所示。

图4-14　"保护结构和窗口"对话框

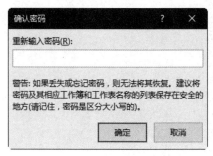

图4-15　"确认密码"对话框

（3）在"重新输入密码"文本框中输入与上次输入相同的密码，单击"确定"按钮即完成对工作簿设置保护密码的操作。

 专家点睛

在"保护结构和窗口"对话框中，除可以设置保护密码外，还可以设置工作簿的保护范围。若要防止对工作簿结构进行更改，则需要勾选"结构"复选框；若要使工作簿窗口在每次打开时大小和位置都相同，则需要勾选"窗口"复选框。当然也可以同时勾选这两个复选框，这样就可以同时保护工作簿的结构和窗口了。

4．工作表的使用

1）工作表的重命名

当 Excel 建立一张新的工作簿时，所有的工作表都是自动以系统默认的表名"Sheet1""Sheet2""Sheet3"来命名的。但在实际工作中，这种命名方式不方便记忆和管理。因此，需要更改这些工作表的名称以便在工作时能进行更为有效的管理。

（1）双击要重命名的工作表标签或在要重命名的工作表标签上单击鼠标右键。

（2）在弹出的快捷菜单中选择"重命名"命令，此时，选中的工作表标签将反灰显示。

（3）键入所需要的工作表名称，按"Enter"键即可看到新的名称出现在工作表标签处，如图4-16所示。

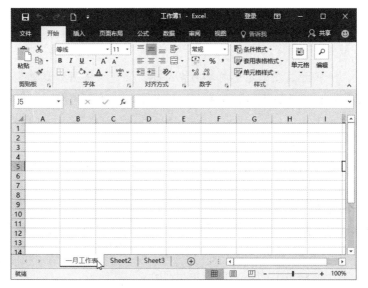

图 4-16　被重命名的工作表标签

2）工作表的切换

由于一个工作簿文件中可包含多张工作表，所以用户需要不断地在这些工作表中进行切换，以完成在不同工作表中的各种操作。

在切换过程中，首先要保证工作表名称出现在底部的工作表标签中，然后直接单击该工作表的表名即可切换到该工作表；或者通过按"Ctrl+PageUp"或"Ctrl+PageDown"组合键，切换当前工作表的前一张或后一张工作表。

 专家点睛

对已保存过的工作簿，如果工作簿中的工作表数目太多，用户需要的工作表没有显示在工作表选项卡中，可以通过"滚动"按钮来进行切换，也可以向右拖动选项卡分割条来显示更多的工作表标签，如图 4-17 所示。

图 4-17　"滚动"按钮与选项卡分割条

5．单元格数据的输入

1）文本的输入

文本包括文字、数字及各种特殊符号等。

（1）文字的输入。

单击或双击需要输入文字的单元格，直接输入文字并按"Enter"键结束。

 专家点睛

在默认情况下，所有文本在单元格内都为左对齐，但可以根据需要更改其对齐方式。如果单元格中的文字过长超出单元格宽度，而相邻右边的单元格中又无数据，则可以允许超出的文字覆盖在右边的单元格上。

若单元格中输入多行文字，则输入一行文字后，可按"Alt+Enter"键换行，再输入下一行文字。

（2）数字文本的输入。

对于全部由数字组成的字符串，如编号、身份证号码、邮政编码、手机号码等，为了避免被认为是数值型数据，Excel 要求在这些输入项前添加"'"以示区别，此时，单元格左上角显示为绿色三角。文本在单元格中的默认位置是左对齐。

（3）特殊符号的输入。

当输入一些键盘上没有的符号，如商标符号、版权符号、段落标记等时，需要借助"符号"对话框来完成输入。

在需要输入符号的单元格定位，在"插入"选项卡的"符号"组中，单击"符号"按钮Ω，在弹出的下拉列表中选择"符号"选项，打开"符号"对话框，如图 4-18 所示。

图 4-18　"符号"对话框

选择"符号"选项卡，在"字体"下拉列表中选择字体样式，在中间列表框中选择需要插入的符号，单击"插入"按钮即可。

2）数值的输入

数值在 Excel 中扮演着十分重要的角色，其表现方式也有很多种，如阿拉伯数字、分数、负数、小数等。

（1）阿拉伯数字的输入。

阿拉伯数字与文字的输入方法相同，但在单元格中默认右对齐。若输入的数字较大，则以指数形式显示。

（2）分数的输入。

先输入一个空格，再输入分数，输入完成后按"Enter"键结束，则单元格中显示分数。但这种输入方式会使分数在单元格中不按照默认的对齐方式显示。

或者在单元格中先输入一个"0"和一个空格，再输入分数，输入完成后以"Enter"键结束。此输入方式使分数在单元格中右对齐。

若输入假分数，则需要在整数和分数之间以空格隔开。

（3）负数的输入。

在单元格中输入负数有两种方法。既可以直接输入，也可以将数据用括号括起来表示该负数。

3）日期和时间的输入

用户有时需要在工作表中输入时间或日期，应使用 Excel 中定义的格式来完成输入。

（1）日期的输入。

在"开始"选项卡的"单元格"组中，单击"格式"按钮，在弹出的下拉列表中选择"设置单元格格式"选项，打开"设置单元格格式"对话框；选择"数字"选项卡，并在"分类"列表框中选择"日期"选项；然后，在"类型"列表框中选择合适的日期格式，如图 4-19 所示，单击"确定"按钮即可。

图 4-19　设置日期格式

（2）时间的输入。

时间的输入与日期的输入方法类似，不同的是在"设置单元格格式"对话框中将分类切换到"时间"选项，并在"类型"选项中选择合适的时间格式。

4）公式和批注的输入

用户不仅可以输入文本、数值，还可以输入公式对工作表中的数据进行计算，输入批注对单元格进行注释。

（1）输入公式。

公式是以"="开始的数学式子，可以对工作表中的数据进行加、减、乘、除等四则运算。公式可以应用在同一工作表的不同单元格中、同一工作簿的不同工作表的单元格中或其他工作簿的工作表的单元格中。

单击需要输入公式的单元格，直接输入公式。例如，"=1+2"，按"Enter"键或单击编辑栏中的"输入"按钮✔，此时选中的单元格中就会显示计算结果。

（2）输入批注。

用户可以为工作表中的某些单元格添加批注，用以说明该单元格中数据的含义或强调某些信息。

选中需要输入批注的单元格，在"审阅"选项卡的"批注"组中，单击"新建批注"按钮🗨，或右击此单元格，在弹出的快捷菜单中选择"插入批注"命令。在该单元格旁弹出的批注框内输入批注内容，输入完成后单击批注框外的任意工作表区域即可关闭批注框。此时，单元格右上角会显示红色三角，表示本单元格插入了批注。将鼠标指针指向该单元格，会显示批注内容。

5）自动填充功能

（1）自动填充序列。

对于大量有规律的数据输入，可以利用自动填充功能来完成，以提高输入效率。自动填充是 Excel 中很有特色的一大功能。

在第一个单元格输入内容，将鼠标指针移至该单元格右下角，当鼠标指针变为✚（即填充柄）时，拖动鼠标到所需位置，序列自动填充完成，或者双击填充柄也可完成自动填充序列。

 专家点睛

在 Excel 填充序列中除数字的有规律填充外，对于月份、星期、季度等一些传统序列也有预先的设置，方便用户使用。

（2）利用"序列"对话框填充数据。

利用"序列"对话框填充数据只需在工作表中输入一个起始数据便可以快速填充有规律的数据。

在起始单元格输入起始数据，在"开始"选项卡的"编辑"组中，单击"填充"按钮↓，在弹出的下拉列表中选择"序列"选项，打开"序列"对话框，如图4-20所示。

图4-20　"序列"对话框

在"序列产生在"选区中选择序列产生的方向，在"类型"选区组中选择序列的类型，如果是日期类型，则要在右侧设置日期的单位，输入步长值和序列的终止值，单击"确定"按钮即可按定义的序列填充数据。

6）快速填充功能

有时在输入数据时会遇到排序并不十分规律但内容有重复的情况。这时就需要用到 Excel 中的另一种提高输入效率的快速填充方式，即在不同的单元格内输入相同的数据。

按住"Ctrl"键，依次单击需要输入数据的单元格。在被选中的最后单元格中输入数据值，然后按"Ctrl+Enter"组合键，此时，被选中的单元格内都填充了相同的内容。

7）限定数据输入

为防止在单元格中输入无效数据，保证数据输入的正确性，单元格中输入的数值，如数据类型、数据内容、数据长度等都可以通过数据的验证来进行限制，进行数据的有效管理。

（1）限定输入的数据长度。

为了避免输入错误，在实际工作中需要对输入文本的长度进行限定。

选中需要输入数据的区域，在"数据"选项卡的"数据工具"组中，单击"数据验证"按钮，打开"数据验证"对话框，选择"设置"选项卡，在"允许"下拉列表中选择"文本长度"选项，在"数据"下拉列表中选择"等于"选项，在"长度"文本框中输入长度值，单击"确定"按钮即可。

（2）限定输入的数据内容。

当一个单元格中只允许输入指定内容时，可以通过数据验证的序列功能来实现。

选取需要输入数据的区域，在"数据"选项卡的"数据工具"组中，单击"数据验证"按钮，打开"数据验证"对话框，选择"设置"选项卡，在"允许"下拉列表中选择"序列"选项，在"来源"文本框中依次输入指定的内容，单击"确定"按钮设定完毕，此时单击单元格，其后会出现下拉按钮，单击该按钮将弹出下拉列表供选择输入。

8）利用记录单输入数据

图 4-21　利用"记录单"输入数据

当工作表列数较多时，频繁拖动滚动条会导致将数据输入错误单元格的情况发生，此时使用记录单输入数据是最好的解决方法。

先将"记录单"置于快速访问工具栏中。单击快速访问工具栏右侧的按钮，在弹出的下拉列表中选择"其他命令"选项，打开"Excel 选项"对话框，在"从下列位置选择命令"下拉列表中选择"不在功能区的命令"选项，从列表框中选择"记录单"选项，依次单击"添加"和"确定"按钮，返回工作界面。

然后打开"记录单"输入数据。将光标置于数据区域，单击快速访问工具栏中的"记录单"按钮，就可以在弹出的对话框中输入、编辑、删除数据了，如图 4-21 所示。

6．单元格的基本操作

1）选择单元格

在对单元格进行编辑操作之前，首先应该选定要编辑的单元格。可以通过单击单元格的方式使之成为活动单元格。

（1）选择单个单元格。

直接单击选中即可。

（2）选择连续单元格。

选中第一个单元格，当鼠标指针变化成✛时，拖动鼠标指针到结束的单元格为止。

（3）选择不连续的单元格。

选中第一个单元格后，按住"Ctrl"键，移动鼠标指针到其他需要选择的单元格单击即可。

2）移动单元格

（1）移动单个单元格。

单击需要移动的单元格，将鼠标指针移至单元格边缘，当鼠标指针变化成✛时，拖动鼠标到需要放置的位置，然后松开鼠标左键即可。

（2）移动单元格区域。

选中连续单元格区域，接下来的步骤与移动单个单元格的方式相同。

3）复制单元格

复制单元格有3种方法：选中需要复制的单元格或单元格区域，在"开始"选项卡的"剪贴板"组中，单击"复制"按钮，在弹出的下拉列表中选择"复制"选项；右击需要复制的单元格或单元格区域，在弹出的快捷菜单中选择"复制"命令；按"Ctrl+C"组合键。粘贴也有3种方法：选定需要粘贴的目标单元格，在"开始"选项卡的"剪贴板"组中，单击"粘贴"按钮；右击单元格，在弹出的快捷菜单中选择"粘贴"命令；按"Ctrl+V"组合键。

此外，还可以选中需要复制的单元格或单元格区域，将鼠标指针放在单元格的边框上，当鼠标指针变为✛时，按住"Ctrl"键不放，拖动鼠标指针到选定的区域中。

4）插入与删除单元格

（1）插入单元格。

选中需要插入单元格的位置，在"开始"选项卡的"单元格"组中，单击"插入"按钮，在弹出的下拉列表中选择"插入单元格"选项；或者直接单击鼠标右键，在弹出的快捷菜单中选择"插入"命令，在打开的"插入"对话框中选中"活动单元格右移"或"活动单元格下移"单选按钮即可插入单个单元格。

当需要插入整行或整列单元格时，在弹出的下拉列表中选择"插入工作表行"或"插入工作表列"选项；或者直接单击鼠标右键，在弹出的快捷菜单中选择"插入"命令，在打开的"插入"对话框中选中"整行"或"整列"单选按钮，单击"确定"按钮即可插入整行或整列单元格。

（2）删除单元格。

删除单元格不仅仅是删除单元格中的内容，而是将单元格也一并删除。此时，周围的单元格会填补其位置。

选中需要删除的单元格或单元格区域，在"开始"选项卡的"单元格"组中，单击"删除"按钮，在弹出的下拉列表中选择"删除单元格"选项；或者单击鼠标右键，在弹出的快捷菜单中选择"删除"命令，打开"删除"对话框，选中相应的单选按钮，单击"确定"按钮。

5）清除单元格

清除单元格与删除单元格不同，清除单元格是指清除选定单元格中的内容、公式或单元格格式等，留下空白单元格供以后使用。

选中需要清除的单元格或单元格区域，在"开始"选项卡的"编辑"组中，单击"清除"按钮，在弹出的下拉列表中选择要清除的选项；或者单击鼠标右键，在弹出的快捷菜单中选择"清除内容"命令即可。

6）调整单元格的行高和列宽

单元格的行高和列宽都有相同的默认值，行高为 14.25 毫米，列宽为 8.38 毫米。但有时输入的单元格数据过长，会超出单元格区域，需要重新调整单元格的行高和列宽。

（1）手动调整行高和列宽。

将鼠标指针停在行与行或列与列之间的分隔线上，当鼠标指针变为 ✛ 或 ✛ 形状时，按住鼠标左键不放，拖动调整到需要的行高或列宽处松开鼠标左键即可。

（2）通过选项设置行高和列宽。

手动设置行高、列宽时，只能粗略设置，若想精确设置行高或列宽，就需要通过选项设置。

选定需要设置行高或列宽的单元格或单元格区域，在"开始"选项卡的"单元格"组中，单击"格式"按钮，在弹出的下拉列表中选择"行高"或"列宽"选项，打开"行高"或"列宽"对话框，输入相应的数值，单击"确定"按钮即可。

7．美化工作表

当工作表中的数据输入完成后，用户就可以使用 Excel 对单元格进行格式化，使其更加整齐美观。格式化单元格就是重新设置单元格的格式，一方面是对数字格式的设置，另一方面是对数据进行文字、对齐方式、边框、底纹等多种格式的设置。

1）数字格式化

选中需要设置小数位数、货币符号或千分位符的单元格或单元格区域，在"开始"选项卡的"单元格"组中，单击"格式"按钮，在弹出的下拉列表中选择"设置单元格格式"选项，打开"设置单元格格式"对话框，选择"数字"选项卡。在"分类"列表框中选择"数值"选项，在右侧的"小数位数"数值框中选择相应的位数，并勾选"使用千位分隔符"复选框；在"分类"列表框中选择"货币"选项，在右侧的"示例"列表下的"货币符号"选项中选择相应的货币符号，单击"确定"按钮即可。

2）文字格式化

为了美化工作表，可以对文字的字体、字号、颜色等进行设置。用户既可以通过功能区的按钮来设置，也可以通过"设置单元格格式"对话框来设置。

（1）通过功能区的按钮设置。

单击"开始"选项卡"字体"组中的按钮可以直接设置文字的字体、字号及加粗、斜体和

下画线等。

（2）通过"设置单元格格式"对话框设置。

选中需要设置格式的单元格或单元格区域，在"开始"选项卡的"单元格"组中，单击"格式"按钮，在弹出的下拉列表中选择"设置单元格格式"选项，打开"设置单元格格式"对话框，切换到"字体"选项卡，分别在字体、字形、字号选项中完成对文字的设置。

3）设置文本的对齐方式

（1）通过功能区的按钮设置。

选中需要设置对齐方式的单元格或单元格区域，单击"开始"选项卡"对齐方式"组中的相应的对齐方式按钮即可。

 专家点睛

当设置单元格合并居中对齐时，需要先选中要合并的单元格区域，再单击"合并后居中"按钮。

（2）通过"单元格格式"对话框设置。

选中需要设置对齐方式的单元格或单元格区域，在"开始"选项卡的"单元格"组中，单击"格式"按钮，在弹出的下拉列表中选择"设置单元格格式"选项，打开"设置单元格格式"对话框，切换到"对齐"选项卡，在"文本对齐方式"选区的"水平对齐"与"垂直对齐"下拉列表中选择需要的对齐方式，单击"确定"按钮完成设置。

4）设置单元格边框

方法1：选中需要设置边框的单元格或单元格区域，在"开始"选项卡的"字体"组中，单击"边框"下拉按钮，弹出下拉列表，在其中选择相应的选项即可添加单元格的边框。

方法2：选中需要设置边框的单元格或单元格区域，在"开始"选项卡的"单元格"组中，单击"格式"按钮，在弹出的下拉列表中选择"设置单元格格式"选项，打开"设置单元格格式"对话框，切换到"边框"选项卡，在"预置"选区中选择预设样式，在线条"样式"和"颜色"列表中选择线条样式与颜色，单击"边框"选区中左侧和下侧的边框选项，并在边框预览区内预览设置的边框样式。

 专家点睛

边框线和颜色要在选择边框类型之前设置，即先选择线型和颜色，后在"边框"选项卡中添加边框样式。

5）设置单元格底纹

在Excel中可以对单元格或单元格区域的背景进行设置，背景既可以是纯色，也可以是图案填充。

方法 1：在"开始"选项卡的"字体"组中，单击"填充颜色"下拉按钮 ，在弹出的下拉列表中选择背景填充色。

方法 2：选择需要添加背景的单元格或单元格区域，在"开始"选项卡的"单元格"组中，单击"格式"按钮，在弹出的下拉列表中选择"设置单元格格式"选项，在打开的"设置单元格格式"对话框的"填充"选项卡中，选择需要添加的背景颜色或相应的图案样式与颜色，如果填充的是两个以上颜色，则单击"填充效果"按钮，打开"填充效果"对话框，选择底纹的颜色和样式，最后单击"确定"按钮即可。

项目实现

本项目将利用 Excel 2016 制作如图 4-22 所示的"学籍表"工作表。

（1）创建工作簿，并命名为"学生管理"，将 Sheet1 工作表命名为"学籍表"。

（2）利用数据的各种输入方法完成"学籍表"工作表的数据输入。

（3）利用记录单输入、编辑、增加、删除数据。

（4）对"学籍表"工作表中的数据进行格式化和美化。

图 4-22　"学籍表"工作表

1. 创建"学籍表"工作表

打开 Excel，保存文件为"学生管理.xlsx"，并将表名改为"学籍表"，操作步骤如下。

创建学籍表

（1）启动 Excel 程序，新建空白工作簿，选择"文件"→"保存"命令，在打开的"另存

为"对话框中，选择保存位置，输入文件名"学生管理"，单击"保存"按钮创建"学生管理"工作簿。

（2）双击"Sheet1"工作表标签，标签将反灰显示，输入"学籍表"，单击空白处，即创建了空白的"学籍表"工作表。

（3）为了能快速找到该工作表，应使其突出显示，右击"学籍表"工作表标签，在弹出的快捷菜单中选择"工作表标签颜色"→"红色"命令，效果如图4-23所示。

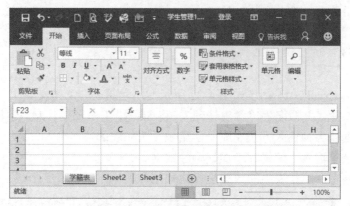

图4-23　创建空白"学籍表"工作表

在空白"学籍表"工作表中输入各种不同类型的数据，操作步骤如下。

（1）在A1单元格中输入标题"2016级学生情况一览表"，然后，在其下方单元格中依次输入其他文字信息，如图4-24所示。

图4-24　输入文字信息

（2）A列为学号，其长度固定为11位，应限制长度。选中A3:A46（":"为区域运算符，生成对两个引用间的所有单元格的引用，下同）单元格区域，在"数据"选项卡的"数据工具"组中，单击"数据验证"按钮，打开"数据验证"对话框。选择"设置"选项卡，在"允许"下拉列表中选择"文本长度"选项，在"数据"下拉列表中选择"等于"选项，在"长度"文本框中输入"11"，如图4-25所示，单击"确定"按钮。

图 4-25　限定数据长度

（3）在 A3 单元格中先输入西文单引号"'"，再输入"20160110101"，按"Enter"键，此时，单元格左上角显示为绿色三角，表示该数据为数字文本。按照上述方法依次输入每位学生的学号，效果如图 4-26 所示。

图 4-26　输入数字文本

（4）在 D3:D46 单元格区域按"月/日/年"格式依次输入出生日期；在 F3:F46 单元格区域依次输入成绩，如图 4-27 所示。

（5）在 C3 单元格中输入"女"，将鼠标指针指向 C3 单元格的填充柄并双击填充柄，此时，"性别"列全部填充为"女"。

（6）选择第一个应该填充为"男"的单元格，如 C6 单元格，按住"Ctrl"键，用鼠标在 C 列依次选中需要输入"男"的单元格，在选中的最后一个单元格中输入"男"，然后，按"Ctrl+Enter"组合键，此时，被选中的单元格内都填充了相同的内容"男"，如图 4-28 所示。

（7）假定"所学专业"列只允许输入指定专业，可以通过限定输入的数据内容来实现。选中 E3:E46 单元格区域，在"数据"选项卡的"数据工具"组中，单击"数据验证"按钮，打开"数据验证"对话框，选择"设置"选项卡，在"允许"下拉列表中选择"序列"选项，在"来源文本"框中输入"注册会计，信息会计，财务管理，软件工程，视觉艺术，网络安全"，如图 4-29 所示。

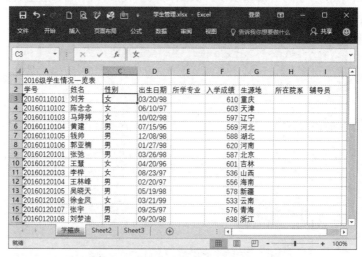

图 4-27　输入出生日期及成绩

图 4-28　快速填充

图 4-29　限定输入内容

（8）单击“确定”按钮，此时单击该列单元格，其后会出现下拉按钮▾，单击该按钮将弹出下拉列表供选择输入，如图 4-30 所示，依次选择列表内容完成输入。

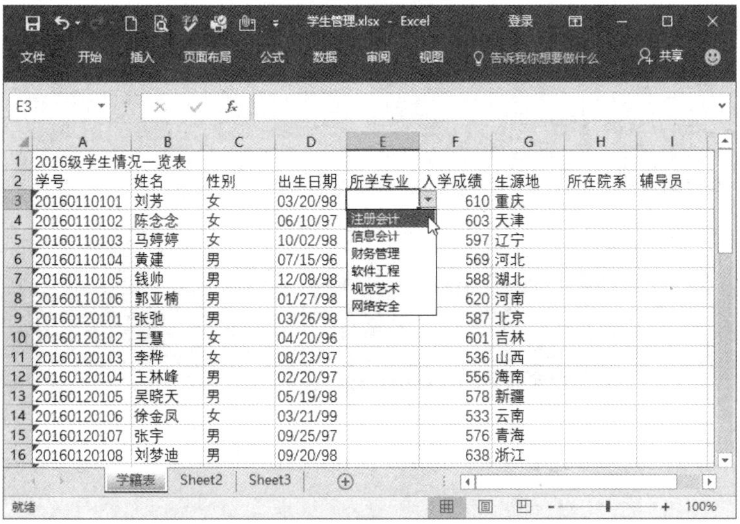

	A	B	C	D	E	F	G	H	I
1	2016级学生情况一览表								
2	学号	姓名	性别	出生日期	所学专业	入学成绩	生源地	所在院系	辅导员
3	20160110101	刘芳	女	03/20/98		610	重庆		
4	20160110102	陈念念	女	06/10/97		603	天津		
5	20160110103	马婷婷	女	10/02/98		597	辽宁		
6	20160110104	黄建	男	07/15/96		569	河北		
7	20160110105	钱帅	男	12/08/98		588	湖北		
8	20160110106	郭亚楠	男	01/27/98		620	河南		
9	20160120101	张弛	男	03/26/98		587	北京		
10	20160120102	王慧	女	04/20/96		601	吉林		
11	20160120103	李桦	女	08/23/97		536	山西		
12	20160120104	王林峰	男	02/20/97		556	海南		
13	20160120105	吴晓天	男	05/19/98		578	新疆		
14	20160120106	徐金凤	女	03/21/99		533	云南		
15	20160120107	张宇	男	09/25/97		576	青海		
16	20160120108	刘梦迪	男	09/20/98		638	浙江		

图 4-30 通过列表选择输入数据

（9）“所在院系”和“辅导员”列的内容是有规律的，可以采用自动填充功能完成。单击 H3 单元格，输入“会计管理”，将鼠标指针移至单元格右下角，当鼠标指针变化为+（填充柄）时，拖动填充柄到 H23 单元格完成自动填充；单击 H24 单元格，输入“信息工程”，拖动填充柄至 H46 单元格完成输入，使用同样的方法，完成“辅导员”列数据的输入，如图 4-31 所示。

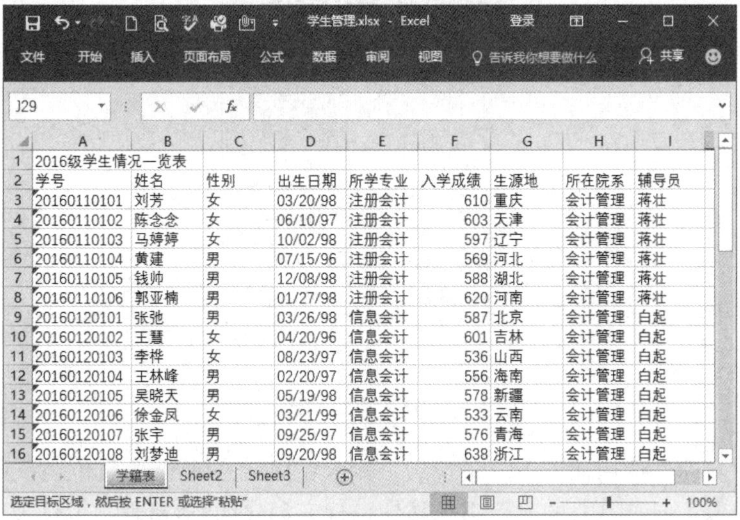

	A	B	C	D	E	F	G	H	I
1	2016级学生情况一览表								
2	学号	姓名	性别	出生日期	所学专业	入学成绩	生源地	所在院系	辅导员
3	20160110101	刘芳	女	03/20/98	注册会计	610	重庆	会计管理	蒋壮
4	20160110102	陈念念	女	06/10/97	注册会计	603	天津	会计管理	蒋壮
5	20160110103	马婷婷	女	10/02/98	注册会计	597	辽宁	会计管理	蒋壮
6	20160110104	黄建	男	07/15/96	注册会计	569	河北	会计管理	蒋壮
7	20160110105	钱帅	男	12/08/98	注册会计	588	湖北	会计管理	蒋壮
8	20160110106	郭亚楠	男	01/27/98	注册会计	620	河南	会计管理	蒋壮
9	20160120101	张弛	男	03/26/98	信息会计	587	北京	会计管理	白起
10	20160120102	王慧	女	04/20/96	信息会计	601	吉林	会计管理	白起
11	20160120103	李桦	女	08/23/97	信息会计	536	山西	会计管理	白起
12	20160120104	王林峰	男	02/20/97	信息会计	556	海南	会计管理	白起
13	20160120105	吴晓天	男	05/19/98	信息会计	578	新疆	会计管理	白起
14	20160120106	徐金凤	女	03/21/99	信息会计	533	云南	会计管理	白起
15	20160120107	张宇	男	09/25/97	信息会计	576	青海	会计管理	白起
16	20160120108	刘梦迪	男	09/20/98	信息会计	638	浙江	会计管理	白起

图 4-31 自动填充数据

在“学籍表”工作表中利用记录单输入数据，操作步骤如下。

（1）单击快速访问工具栏右侧的“自定义快速访问工具栏”按钮▾，在弹出的下拉列表中选择“其他命令”选项，打开“Excel 选项”对话框，在“从下列位置选择命令”下拉列表中

选择"不在功能区中的命令"选项，从列表框中选择"记录单"选项，如图 4-32 所示。

图 4-32　"Excel 选项"对话框

（2）单击"添加"按钮将记录单添加到右侧列表中，单击"确定"按钮，返回工作界面。

（3）将光标置于数据区域，单击快速访问工具栏中的"记录单"按钮，打开相应记录单对话框，在文本框中依次输入各项数据，如图 4-33 所示。

图 4-33　在记录单中输入数据

（4）单击"新建"按钮输入下一条记录，输入完成后，单击"关闭"按钮关闭记录单。

（5）单击快速访问工具栏的"保存"按钮，保存创建的"学籍表"工作表。

2．美化"学籍表"工作表

对"学籍表"工作表进行格式化和美化，要求：标题为"华文中宋，18 磅"，表头为"黑体 14 磅，淡黄色底纹"，表内为"仿宋，14 磅，蓝色外边框中实线，黑色

美化学籍表

内部细实线，背景图片”，操作步骤如下。

（1）选中 A1:I1 单元格区域，在“开始”选项卡的“对齐方式”组中单击“合并后居中”按钮，合并标题单元格，如图 4-34 所示。

2016级学生情况一览表								
学号	姓名	性别	出生日期	所学专业	入学成绩	生源地	所在院系	辅导员
20160110101	刘芳	女	03/20/98	注册会计	610	重庆	会计管理	蒋壮
20160110102	陈念念	女	06/10/97	注册会计	603	天津	会计管理	蒋壮
20160110103	马婷婷	女	10/02/98	注册会计	597	辽宁	会计管理	蒋壮
20160110104	黄建	男	07/15/96	注册会计	569	河北	会计管理	蒋壮
20160110105	钱帅	男	12/08/98	注册会计	588	湖北	会计管理	蒋壮
20160110106	郭亚楠	男	01/27/98	注册会计	620	河南	会计管理	蒋壮
20160120101	张弛	男	03/26/98	信息会计	587	北京	会计管理	白起
20160120102	王慧	女	04/20/96	信息会计	601	吉林	会计管理	白起
20160120103	李桦	女	08/23/97	信息会计	536	山西	会计管理	白起
20160120104	王林峰	男	02/20/97	信息会计	556	海南	会计管理	白起
20160120105	吴晓天	男	05/19/98	信息会计	578	新疆	会计管理	白起
20160120106	徐金凤	女	03/21/99	信息会计	533	云南	会计管理	白起
20160120107	张宇	男	09/25/97	信息会计	576	青海	会计管理	白起
20160120108	刘梦迪	男	09/20/98	信息会计	638	浙江	会计管理	白起

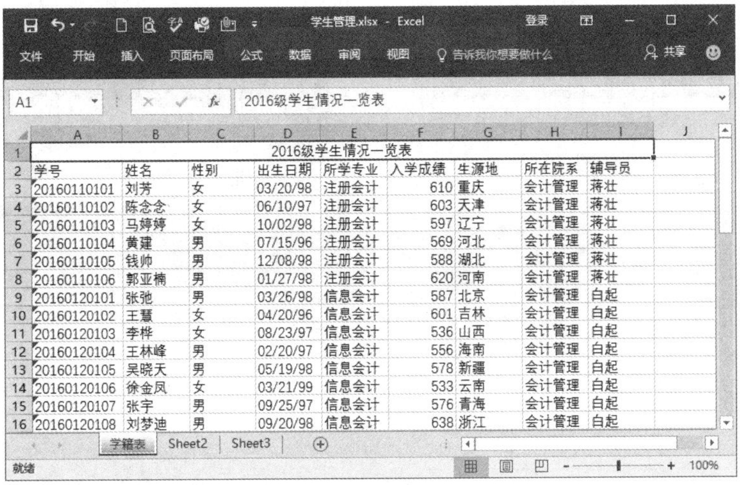

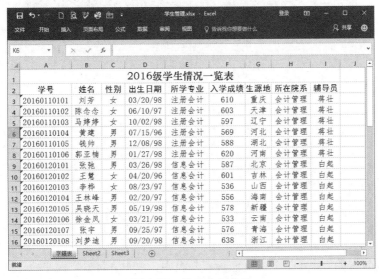

图 4-34　合并标题单元格

（2）在“开始”选项卡的“字体”组中，设置标题为“华文中宋 18 磅”，表头为“黑体，14 磅”，其他内容为“仿宋，14 磅”。

（3）选中 A2:I46 单元格区域，在“开始”选项卡的“对齐方式”组中，单击“居中”按钮，将所选内容居中，如图 4-35 所示。

2016级学生情况一览表								
学号	姓名	性别	出生日期	所学专业	入学成绩	生源地	所在院系	辅导员
20160110101	刘芳	女	03/20/98	注册会计	610	重庆	会计管理	蒋壮
20160110102	陈念念	女	06/10/97	注册会计	603	天津	会计管理	蒋壮
20160110103	马婷婷	女	10/02/98	注册会计	597	辽宁	会计管理	蒋壮
20160110104	黄建	男	07/15/96	注册会计	569	河北	会计管理	蒋壮
20160110105	钱帅	男	12/08/98	注册会计	588	湖北	会计管理	蒋壮
20160110106	郭亚楠	男	01/27/98	注册会计	620	河南	会计管理	蒋壮
20160120101	张弛	男	03/26/98	信息会计	587	北京	会计管理	白起
20160120102	王慧	女	04/20/96	信息会计	601	吉林	会计管理	白起
20160120103	李桦	女	08/23/97	信息会计	536	山西	会计管理	白起
20160120104	王林峰	男	02/20/97	信息会计	556	海南	会计管理	白起
20160120105	吴晓天	男	05/19/98	信息会计	578	新疆	会计管理	白起
20160120106	徐金凤	女	03/21/99	信息会计	533	云南	会计管理	白起
20160120107	张宇	男	09/25/97	信息会计	576	青海	会计管理	白起
20160120108	刘梦迪	男	09/20/98	信息会计	638	浙江	会计管理	白起

图 4-35　格式化工作表

（4）选中 A2:I46 单元格区域，在“开始”选项卡的“单元格”组中，单击“格式”按钮，在弹出的下拉列表中选择“设置单元格格式”选项，打开“设置单元格格式”对话框，切换到“边框”选项卡。

（5）在线条“样式”和“颜色”选项中设置线条样式为中实、蓝色，选择“预置”选项组中的“外边框”选项；然后，在线条“样式”和“颜色”下拉列表中设置线条样式为细实、黑色，选择“预置”选项组中的“内部”选项，如图 4-36 所示。

（6）单击“确定”按钮，设置边框线。选中 A2:I2 单元格区域，在“开始”选项卡的“单元格”组中，单击“格式”按钮，在弹出的下拉列表中选择“设置单元格格式”选项，打开“设置单元格格式”对话框，切换到“填充”选项卡，选择要填充的背景色，如图 4-37 所示。

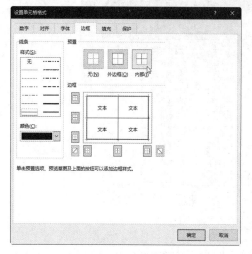

图 4-36　设置边框

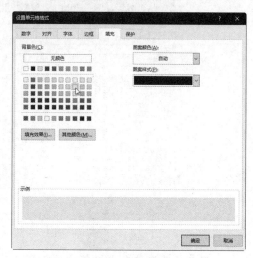

图 4-37　设置背景色

（7）单击“确定”按钮，设置背景色，效果如图 4-38 所示。

2016级学生情况一览表

学号	姓名	性别	出生日期	所学专业	入学成绩	生源地	所在院系	辅导员
20160110101	刘芳	女	03/20/98	注册会计	610	重庆	会计管理	蒋壮
20160110102	陈念念	女	06/10/97	注册会计	603	天津	会计管理	蒋壮
20160110103	马婷婷	女	10/02/98	注册会计	597	辽宁	会计管理	蒋壮
20160110104	黄建	男	07/15/96	注册会计	569	河北	会计管理	蒋壮
20160110105	钱帅	男	12/08/98	注册会计	588	湖北	会计管理	蒋壮
20160110106	郭亚楠	男	01/27/98	注册会计	620	河南	会计管理	蒋壮
20160120101	张弛	男	03/26/98	信息会计	587	北京	会计管理	白起
20160120102	王慧	女	04/20/96	信息会计	601	吉林	会计管理	白起
20160120103	李桦	女	08/23/97	信息会计	536	山西	会计管理	白起
20160120104	王林峰	男	02/20/97	信息会计	556	海南	会计管理	白起
20160120105	吴晓天	男	05/19/98	信息会计	578	新疆	会计管理	白起
20160120106	徐金凤	女	03/21/99	信息会计	533	云南	会计管理	白起
20160120107	张宇	男	09/25/97	信息会计	576	青海	会计管理	白起
20160120108	刘梦迪	男	09/20/98	信息会计	638	浙江	会计管理	白起

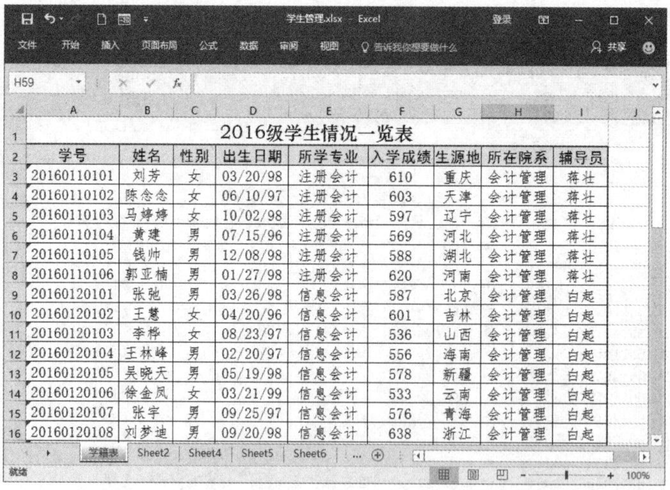

图 4-38　填充背景色效果

（8）在“页面布局”选项卡的“页面设置”组中，单击“背景”按钮，打开“插入图片”对话框，如图 4-39 所示。

（9）选择背景图片的来源，这里选择“来自文件”，单击“浏览”按钮，打开“工作表背景”对话框，选择相应的背景图案，如图 4-40 所示。

图 4-39 "插入图片"对话框

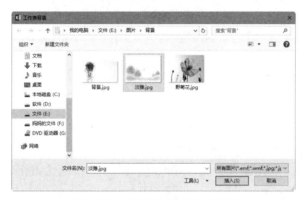

图 4-40 "工作表背景"对话框

（10）单击"插入"按钮，填充背景图片，如图 4-41 所示，单击快速访问工具栏中的"保存"按钮，保存工作表。

图 4-41 美化工作表

项目 2
制作单科成绩表

 项目描述

开学之初，教务处将收到的各科成绩表进行电子归档，需要建立各科成绩表，并计算每个学生的总成绩和单科平均成绩。为了使单科成绩表更加直观，需要对它进行排版和美化。

 项目分析

首先打开"学生管理"工作簿，将空白工作表保存为单科成绩表，在空白工作表中利用工作表引用及单元格引用，完成单科成绩表的创建。利用公式和函数计算总评成绩和单科平均成绩，然后格式化成绩表，利用条件格式、MOD 函数和 ROW 函数美化成绩表。

 相关知识

1. 工作表的引用

如果是当前工作簿或工作表，引用时可以省略工作簿或工作表的名称。如果是其他的工作簿或工作表，引用时需要在工作簿或工作表的名称后面加上"！"。

例如，当前工作表是 Sheet1，想引用 Sheet2 工作表的 A3 单元格，则可以写成 Sheet2！A3。

2. 设置单元格的条件格式

所谓条件格式，就是在工作表中设置带有条件的格式。当条件满足时，单元格将应用所设置的格式。

选中需要设置条件格式的单元格区域，在"开始"选项卡的"样式"组中，单击"条件格式"按钮，在弹出的下拉列表中选择需要设置的选项进行条件的设置即可。

 专家点睛

单元格条件格式的删除是在条件格式下拉列表中选择"清除规则"选项，在弹出的级联列表中选择"清除所选单元格的规则"选项。

3．公式、函数与通配符的使用

1）公式的使用

Excel 的公式是由数值、字符、单元格引用、函数及运算符等组成的能够进行计算的表达式。公式必须以等号"="开头，系统会将"="后面的字符串识别为公式。

这里，单元格引用是指在公式中输入单元格地址时，该单元格中的内容也将参加运算。当引用的单元格中的数据发生变化时，公式将自动重新计算并自动更新计算结果，用户可以随时观察数据之间的相互关系。

（1）运算符。

公式中的运算符主要有算术运算符、字符运算符、比较运算符和引用运算符 4 种，它决定了公式的运算性质。

算术运算符：+（加号）、－（减号）、*（乘号）、/（除号）、%（百分比运算符号）、^（指数运算符号）。

字符运算符：&（连接）。

比较运算符：=（等于）、>（大于）、<（小于）、>=（大于等于）、<=（小于等于）、<>（不等于）。

引用运算符：:（区域运算）、,（并集运算）、空格（交集运算）。

在 Excel 中，运算符按优先级由高到低的顺序排列为：引用运算符→算术运算符→字符运算符→比较运算符。

（2）单元格的引用。

在对单元格进行操作或运算时，有时需要指出使用的是哪一个单元格，这就是引用。引用一般用单元格的地址来表示。Excel 提供了 3 种不同的单元格引用：绝对引用、相对引用和混合引用。

绝对引用是对单元格内容的完全套用，不进行任何更改。无论公式被移动或复制到何处，所引用的单元格地址始终不变。绝对引用的表示形式为在引用单元格列号和行号之前增加符号"$"。

相对引用是指引用的内容是相对而言的，其引用的是数据的相对位置。在复制或移动公式时，随着公式所在单元格的位置改变，被公式引用的单元格的位置也做相应调整以满足相对位置关系不变的要求。相对引用的表示形式为列号与行号。

混合引用是指在一个单元格引用中，既有绝对引用，又有相对引用。即当公式所在单元格位置改变时，相对引用改变，绝对引用不改变。

 专家点睛

对于单元格地址，按"F4"键可以循环改变公式中地址的类型，如对单元格地址 $C$1 连续按"F4"键，结果如下：$C$1→C$1→$C1→C1→$C$1。

2）函数的使用

函数是一个预先定义好的特定计算公式，按照这个特定的计算公式对一个或多个参数进行计算可得出一个或多个计算结果，即函数值。使用函数不仅可以完成许多复杂的计算，还可以简化公式的复杂程度。

（1）函数的格式。

Excel 函数由等号、函数名和参数组成。其格式为：=函数名(参数 1,参数 2,参数 3,…)。

例如，公式"=PRODUCT(A1,A3,A5,A7,A9)"表示将单元格 A1、A3、A5、A7、A9 中的数据进行乘积运算。

（2）函数的分类。

Excel 为用户提供了 10 类数百个函数，它们是常用函数、财务函数、日期与时间函数、数学与三角函数、统计函数、查找与引用函数、数据库函数、文本函数、逻辑函数及信息函数等。用户可以在公式中使用函数进行运算。

有关函数的分类及各类函数的函数名如图 4-42 所示。

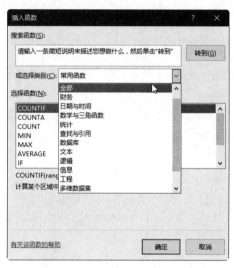

图 4-42　"插入函数"对话框

（3）函数的引用。

当用户要单独使用函数时，可以单击地址栏的"插入函数"按钮 f_x，打开"插入函数"对话框，或单击"公式"选项卡"函数库"组中的按钮选择所需类型的函数。

函数除可以单独引用外，还可以出现在公式或函数中。如果函数与其他信息一起被编写在公式中，就得到包含函数的公式。

单击要输入公式的单元格，输入等号"="，依次输入组成公式的单元格引用、数值、字符、运算符等。公式中的函数可以直接输入函数名及参数，也可以利用"插入函数"按钮选择函数输入，或者在"公式"选项卡的"函数库"组中选择函数，最后，按"Enter"键完成公式运算。

3）通配符的使用

通配符指一个或多个未确定的字符。通配符一般有"？"和"＊"两个符号，它们代表不同的含义。

？（问号）：表示查找与问号所在位置相同的任意一个字符。例如，"成绩？"将查找到"成绩单"、"成绩表"、"成绩册"或"成绩簿"等。

*（星号）：表示查找与星号所在位置相同的任意多个字符。例如，"*店"将查找到"商店"、"饭店"或"商务酒店"等。

4）常用函数

（1）SUM( )。

格式：SUM(单元格区域)。

该函数用来求指定单元格区域内所有数值的和。

例如，输入"= SUM(3,5)"，结果为 8。

输入"= SUM（A2:A5）"，结果为将 A2、A3、A4、A5 单元格的内容相加的值。

（2）AVERAGE( )。

格式：AVERAGE(单元格区域)。

该函数用来求指定单元格区域内所有数值的平均值。

例如，输入"=AVERAGE(B2:E9)"，结果为从左上角 B2 到右下角 E9 的矩形区域内所有数值的平均值。

（3）MOD( )。

格式：MOD(被除数,除数)。

返回两数相除的余数，结果的正负号与除数相同。

例如，输入"= MOD(6,2)"，其结果为 0。

输入"= MOD（10,–3）"，其结果为–2。

（4）ROW( )。

格式：ROW(单元格区域)。

返回单元格区域左上角的行号，若省略，则返回当前行号。

例如，公式在 C9 单元格输入"=ROW(A3：G7)"，结果为 3；输入"=ROW(B6)"，结果为 6；输入"=ROW()"，结果为 9。

 项目实现

本项目将利用 Excel 2016 制作如图 4-43 所示的"英语成绩表"工作表。

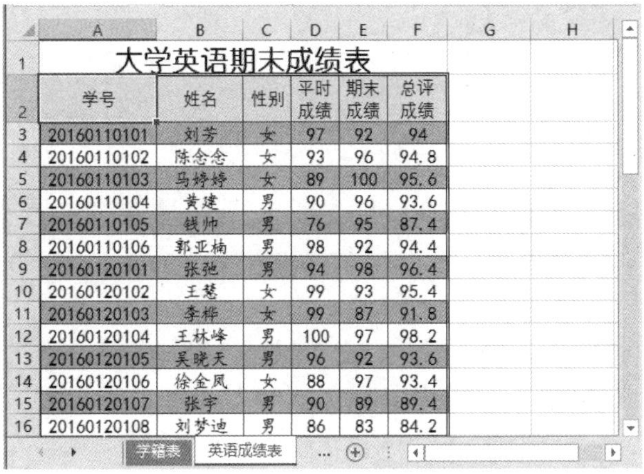

学号	姓名	性别	平时成绩	期末成绩	总评成绩
大学英语期末成绩表					
20160110101	刘芳	女	97	92	94
20160110102	陈念念	女	93	96	94.8
20160110103	马婷婷	女	89	100	95.6
20160110104	黄建	男	90	96	93.6
20160110105	钱帅	男	76	95	87.4
20160110106	郭亚楠	男	98	92	94.4
20160120101	张弛	男	94	98	96.4
20160120102	王楚	女	99	93	95.4
20160120103	李桦	女	99	87	91.8
20160120104	王林峰	男	100	97	98.2
20160120105	吴晓天	男	96	92	93.6
20160120106	徐金凤	女	88	97	93.4
20160120107	张宇	男	90	89	89.4
20160120108	刘梦迪	男	86	83	84.2

学籍表　英语成绩表

图 4-43　英语成绩表

（1）利用工作表引用和单元格引用完成"英语成绩表"工作表的创建，并对表中的数据进行计算和格式化。

（2）利用 ROW( )和 MOD( )设置成绩表的样式。

（3）对成绩表的数据进行优化。

创建单科成绩表

1．创建单科成绩表

打开"学生管理"工作簿，创建"英语成绩表"工作表，并输入数据，操作步骤如下。

（1）打开项目 1 中创建的"学生管理"工作簿，双击"Sheet2"工作表标签，重新命名为"英语成绩表"，选择"文件"→"保存"命令，保存工作簿。

（2）在 A1 单元格中输入标题"大学英语期末成绩表"。

（3）在 A2:G2 单元格区域中依次输入"学号""姓名""性别""平时成绩""期末成绩""总评成绩"。

（4）在 A3 单元格中输入"="，单击"学籍表"工作表标签引用并打开该表，单击 A3 单元格，此时，单元格编辑框显示"学籍表！A3"，按"Enter"键得到"学籍表"工作表 A3 单元格的内容。

（5）将鼠标指针指向 A3 单元格的填充柄，当鼠标指针变为➕时，拖动填充柄至 A46 单元格，此时，"学号"列将全部引用"学籍表"工作表中"学号"列的内容。

（6）用同样的方法，在 B3:B46 单元格区域引用"学籍表"工作表中"姓名"列的内容，在 C3:C46 单元格区域引用"学籍表"工作表中"性别"列的内容，如图 4-44 所示。

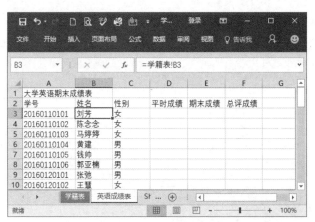

图 4-44　工作表引用效果

（7）选中 D3 单元格，此时鼠标指针显示为➕，按住鼠标左键向右拖动至 E3 单元格，然后继续向下拖动至 E46 单元格，此时，鼠标指针拖动过的区域为选中区域，活动单元格为 D3。

（8）在 D3 单元格中输入"97"，按"Tab"键向右移动到 E3 单元格，输入"92"，再次按"Tab"键，光标自动移到 D4 单元格，输入"93"，用此方法完成分数的输入，如图 4-45 所示。

图 4-45　输入成绩

2. 计算成绩表

计算成绩表

在"英语成绩表"中，计算所有学生的总评成绩，这里，总评成绩＝平时成绩×40%＋期末成绩×60%，操作步骤如下。

（1）选中 F3 单元格，输入"＝"，单击 D3 单元格，此时单元格周围出现蚁行线，表示引用了该单元格中的数据，再输入"*0.4+"。

（2）单击 E3 单元格，输入"*0.6"，此时 F3 单元格及编辑栏中显示的公式为"=D3*0.4+E3*0.6"，如图 4-46 所示。

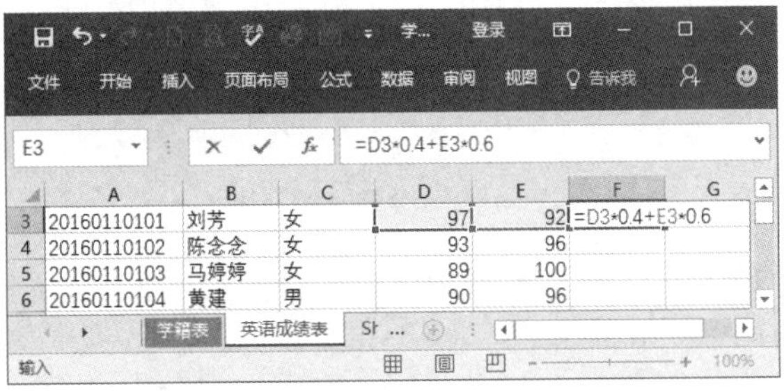

图 4-46　输入公式

（3）单击编辑栏的"输入"按钮 ✔，此时 F3 单元格显示计算结果。

（4）将鼠标指针指向 F3 单元格，当鼠标指针变为 ✛ 时，双击填充柄，将 F3 单元格的计算公式自动复制到 F4:F46 单元格区域内。

在"英语成绩表"工作表中，利用函数 AVERAGE( )计算"大学英语"这门课程的平均成绩，并保留小数点后两位，操作步骤如下。

（1）选中 B47 单元格，输入"平均成绩"，选中 F47 单元格，输入"＝"，单击地址栏的"插入函数"按钮，打开"插入函数"对话框，在"或选择类别"下拉列表中选择"常用函数"选项，在"选择函数"列表框中选择"AVERAGE"函数，如图 4-47 所示。

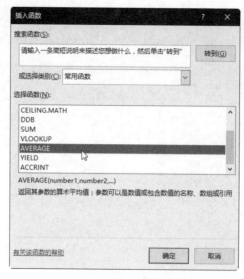

图 4-47 "插入函数"对话框

（2）单击"确定"按钮，打开"函数参数"对话框，单击"折叠"按钮 ⬆️，折叠"函数参数"对话框，对话框中自动显示计算范围"F3:F46"，如图 4-48 所示。

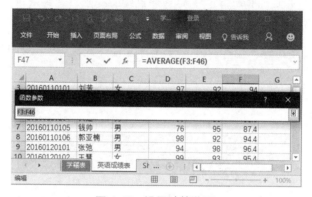

图 4-48 设置计算范围

（3）再单击"展开"按钮 ⬇️，展开"函数参数"对话框，单击"确定"按钮，计算得出"大学英语"的平均成绩，如图 4-49 所示。

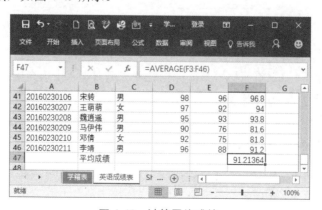

图 4-49 计算平均成绩

（4）设置平均成绩，保留两位小数。在"开始"选项卡的"数字"组中，连续单击 3 次"减少小数位数"按钮，使结果保留到小数点后两位，如图 4-50 所示。

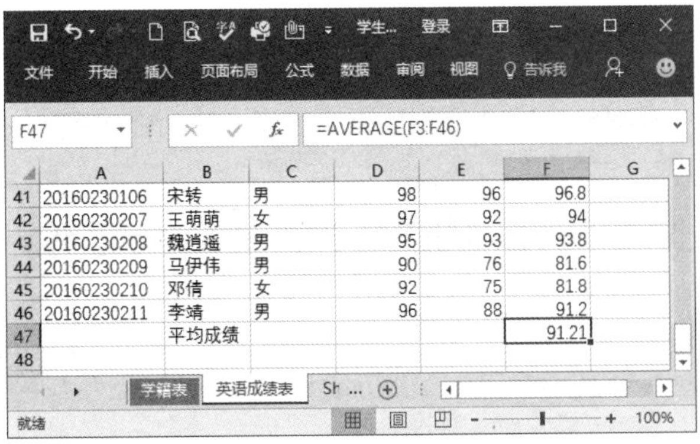

图 4-50　设置保留两位小数

格式化成绩表

3．格式化成绩表

合并标题并居中，设置标题为"幼圆，加粗，18 磅，黑色"，设置表头为"中宋，14 磅，蓝色，水平居中"，设置数据区的数据为"楷体，12 磅，水平垂直居中"，操作步骤如下。

（1）选中 A1:F1 单元格区域，在"开始"选项卡的"对齐方式"组中，单击"合并后居中"按钮，被选中的单元格区域被合并为一个单元格，其中的内容被居中显示。

（2）在"开始"选项卡的"字体"组中，设置字体为"幼圆"，字号为"18"，单击"加粗"按钮B，加粗字体。

（3）选中 A2:F2 单元格区域，在"开始"选项卡的"字体"组中，设置字体为"中宋"，字号为"14"，单击"字体颜色"下拉按钮，设置字体颜色为"蓝色"，在"对齐方式"组中，单击"水平居中"按钮，使表头居中。

（4）选中 A3:F46 单元格区域，在"开始"选项卡的"字体"组中，设置字体为"楷体"，字号为"12"，在"对齐方式"组中，依次单击"水平居中"按钮和"垂直居中"按钮，使数据在单元格中水平和垂直方向上同时居中，格式化效果如图 4-51 所示。

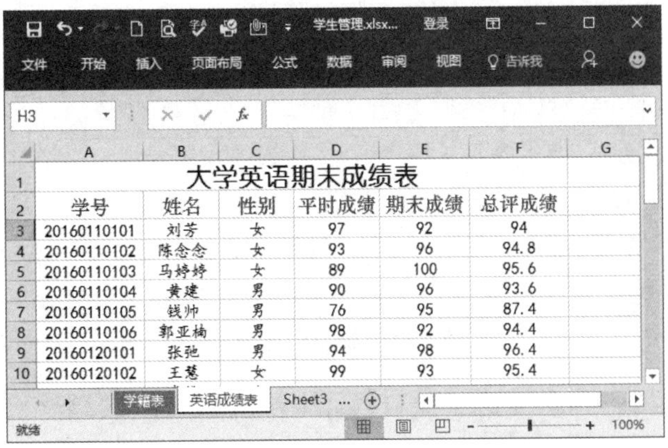

图 4-51　格式化效果

将成绩表的外边框设置为"双细线，黑色"，内边框设置为"单细线，蓝色"，操作步骤如下。

（1）选中 A2:F46 单元格区域，在"开始"选项卡的"字体"组中，单击右下角的"对话框启动器"按钮，打开"设置单元格格式"对话框，选择"边框"选项卡，在"线条"选区的"样式"列表框中选择"双细线"选项，颜色设为"黑色"，在"预置"选区中选择"外边框"选项，为表格添加外边框，如图 4-52 所示。

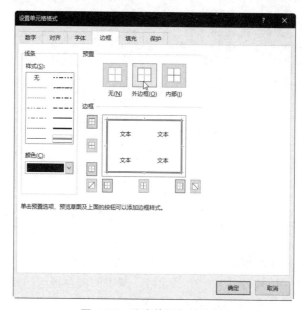

图 4-52　为表格添加外边框

（2）在"线条"选区的"样式"列表框中选择"单细线"选项，颜色设为"蓝色"，在"预置"选区中选择"内部"选项，为表格添加内边框，单击"确定"按钮，效果如图 4-53 所示。

图 4-53　边框设置效果

将成绩表的表头区域套用单元格样式，将其"行高"设置为"30"，操作步骤如下。

（1）选中 A2:F2 单元格区域，在"开始"选项卡的"样式"组中，单击"单元格样式"按

钮 ，在弹出的下拉列表中的"主题单元格样式"选项组中选择"浅黄，60%-着色 4"选项，如图 4-54 所示。

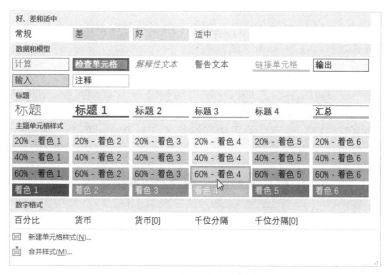

图 4-54　套用单元格样式

（2）在"开始"选项卡的"单元格"组中，单击"格式"按钮，在弹出的下拉列表中的"单元格大小"选项组中选择"行高"选项，打开"行高"对话框，输入行高"30"，单击"确定"按钮，设置行高，效果如图 4-55 所示。

图 4-55　套用样式调整行高效果

利用条件格式和 MOD( )、ROW( )将成绩表的奇数行填充为浅绿色，操作步骤如下。

（1）选中 A3:F47 单元格区域，在"开始"选项卡的"样式"组中，单击"条件格式"按钮，在弹出的下拉列表中选择"新建规则"选项，打开"新建格式规则"对话框，在"选择规则类型"列表框中选择"使用公式确定要设置格式的单元格"选项，在"为符合此公式的值设置格式"文本框中输入"=MOD(ROW(),2)"。

专家点睛

ROW( )用于返回当前行。MOD(ROW(),2)用于取当前行除以 2 的余数，余数为 0 则为偶数行；余数为 1 则为奇数行，条件为真，填充颜色。

（2）单击"格式"按钮，在打开的"设置单元格格式"对话框中，选择"填充"选项卡，在色板中单击"其他颜色"按钮，打开"颜色"对话框，在"标准"选项卡中选择"浅绿色"选项块，单击"确定"按钮，返回"设置单元格格式"对话框，单击"确定"按钮，返回"新建格式规则"对话框，如图 4-56 所示。

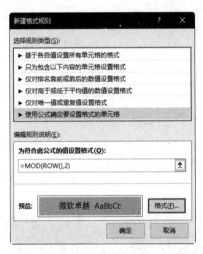

图 4-56　"新建格式规则"对话框

（3）单击"确定"按钮，成绩表奇数行被填充了浅绿色，如图 4-57 所示。

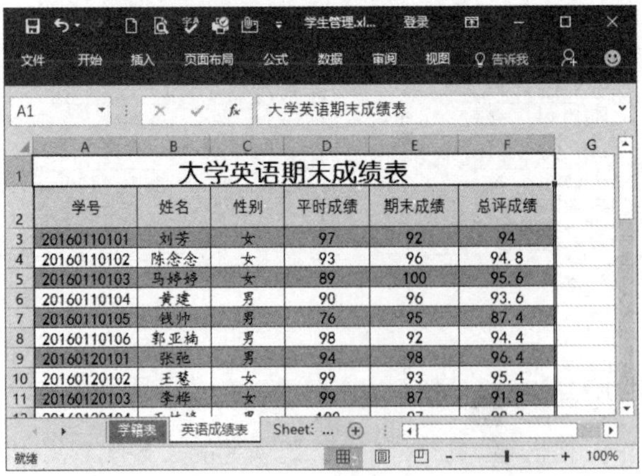

图 4-57　奇数行填充浅绿色

将成绩表表头中的"平时成绩""期末成绩""总评成绩"在单元格中分两行显示，并将所有列的列宽调整为最适合的宽度，操作步骤如下。

（1）双击 D2 单元格，调出闪动光标，将插入点定位在"平时"之后（即需要换行的位置），按"Alt+Enter"组合键，单元格的文本被分为两行。

（2）用同样的方法将 E2、F2 单元格的内容分为两行显示。

（3）拖动鼠标选择所有列，在"开始"选项卡的"单元格"组中，单击"格式"按钮，在弹出的下拉列表中的"单元格大小"选项组中选择"自动调整列宽"选项，将被选中的列调整到最适合的宽度，效果如图 4-58 所示。

图 4-58　自动调整列宽效果

项目 3
统计成绩总表

 项目描述

教务处要将各科成绩表进行汇总生成"成绩总表"，然后利用公式和函数计算每位学生的总成绩、平均成绩及名次，以及每门课程的最高分、最低分、平均分，最后对"成绩总表"进行筛选和排序。

 项目分析

首先，打开给定的"各科成绩表"工作簿，利用工作表复制操作，将其余 3 科成绩表复制到"学生管理"工作簿中，完成各科成绩表的创建。其次，通过对各科成绩表的单科成绩进行复制得到"成绩总表"，利用公式和函数计算总成绩、平均成绩及名次，并对"成绩总表"排序和查找满足条件的记录。最后，格式化"成绩总表"工作表。

相关知识

1．工作表的移动

移动操作可以调整当前的工作表排放次序。

1）在同一个工作簿中移动工作表

在 Excel 工作界面上单击选中要移动的工作表标签，按住鼠标左键，拖动选中的工作表至所需要的位置，松开鼠标左键即可将工作表移动到新的位置。

另外，可以在选中的工作表标签上单击鼠标右键，在弹出的快捷菜单中选择"移动或复制…"命令，打开如图 4-59 所示的"移动或复制工作表"对话框。最后，在"工作簿"下拉列表中选择当前工作簿，在"下列选定工作表之前"列表框中选择工作表移动后的位置，单击"确定"按钮即可。

专家点睛

移动后的工作表将插在所选择的工作表之前。在移动过程中，工作表标签区域会出现一个黑色的倒三角形，用于指示工作表要被插入的位置。

2）在不同工作簿中移动工作表

选中要移动的工作表标签，在"开始"选项卡的"单元格"组中，单击"格式"按钮，在弹出的下拉列表中选择"移动或复制工作表"选项，打开"移动或复制工作表"对话框。在"工作簿"下拉列表中选择目标工作簿，在"下列选定工作表之前"列表框中选择工作表移动后的位置，如图 4-60 所示，然后单击"确定"按钮即可。

图 4-59　在同一工作簿中移动工作表　　　　图 4-60　在不同工作簿中移动工作表

专家点睛

如果在目标工作簿中含有与被移动对象同名的工作表，则移动过去的工作表的名字会自动改变。

2．工作表的复制

复制操作可以将一张工作表中的内容复制到另一张工作表中，避免了对相同内容的重复输入，提高了工作效率。

1）在同一工作簿中复制工作表

单击选中要复制的工作表标签，按住"Ctrl"键的同时利用鼠标将选中的工作表沿着标签行拖动至所需要的位置，然后松开鼠标左键即可完成对该工作表的复制操作。

或者，在选中的工作表标签上单击鼠标右键，在弹出的快捷菜单中选择"移动或复制…"命令，打开"移动或复制工作表"对话框。

如图 4-61 所示，在"工作簿"下拉列表中选择当前工作簿，在"下列选定工作表之前"列表框中选择工作表要复制到的位置，勾选"建立副本"复选框，然后单击"确定"按钮即可实现复制工作表。

专家点睛

使用该方法相当于插入一张含有数据的新表，该张工作表的名字以源工作表的名字+(2)命名。

2）将工作表复制到其他工作簿中

单击选中要复制的工作表标签，在"开始"选项卡的"单元格"组中，单击"格式"按钮，在弹出的快捷菜单中选择"移动或复制工作表"命令，打开"移动或复制工作表"对话框。

在"工作簿"下拉列表中选择要复制到的目标工作簿，在"下列选定工作表之前"列表框中选择工作表要复制到的位置，勾选"建立副本"复选框，如图 4-62 所示，单击"确定"按钮即可实现将工作表复制到其他工作簿中。

图 4-61　在同一工作簿中复制工作表

图 4-62　在不同工作簿中复制工作表

3. 插入工作表

Excel 的所有操作都是在工作表中进行的。在实际工作中往往需要建立多张工作表。

首先选择一张工作表，然后在"开始"选项卡的"单元格"组中，单击"插入"按钮，在弹出的下拉列表中选择"插入工作表"选项即可在当前工作表之前插入一张新的工作表，新工作表的名称为默认"Sheet4"。

或者，右击工作表标签，在弹出的快捷菜单中选择"插入"命令，在打开的"插入"对话框中选择"工作表"选项，单击"确定"按钮即可在当前工作表之前插入一张新的工作表。

 专家点睛

以上两种方法一次操作只能插入一张工作表，因此，只适用于工作表数量较少的情况。如果在一个工作簿中需要建立 10 张以上的工作表，那么使用上述两种方法就比较麻烦，此时可以更改默认工作表数。

4. 删除工作表

1）删除单张工作表

单击选择要删除的工作表标签，然后在"开始"选项卡的"单元格"组中，单击"删除"按钮，在弹出的下拉列表中选择"删除工作表"选项进行删除。

或者，右击要被删除的工作表标签，在弹出的快捷菜单中选择"删除"命令，之后就会看到选中的工作表被删除了。

 专家点睛

在完成以上的删除操作后，被删除的工作表后面的工作表将成为当前工作表。

2）同时删除多张工作表

选中其中要被删除的一张工作表标签，在按住"Ctrl"键的同时选择其他需要删除的工作表标签，然后按照上述方法进行删除。

 专家点睛

一旦工作表被删除就属于永久性删除，无法再找回。

5. 保护工作表

为了防止他人对工作表进行编辑，最好的办法就是设置工作表密码。

打开需要进行保护设置的工作表，在"审阅"选项卡的"更改"组中，单击"保护工作表"按钮，打开"保护工作表"对话框，如图 4-63 所示。

　　在"取消工作表保护时使用的密码"文本框中输入密码；通过在"允许此工作表的所有用户进行"列表框中勾选不同的复选框，设置用户对工作表的操作；单击"确定"按钮，打开"确认密码"对话框，如图 4-64 所示。在"重新输入密码"文本框中输入与刚才设置的密码相同的密码，单击"确定"按钮即可完成工作表的保护设置。

图 4-63　"保护工作表"对话框

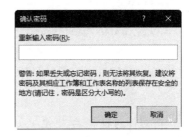

图 4-64　"确认密码"对话框

6. 常用函数

1）MAX( )

格式：MAX(单元格区域)。

用于求指定单元格区域内所有数值的最大值。

　　例如，输入"=MAX(B3:H6)"，结果为从左上角 B3 到右下角 H6 的矩形区域内所有数值的最大值。

　　　　输入"=MAX(3,5,12,33)"，结果为 33。

2）MIN( )

格式：MIN(单元格区域)。

用于求指定单元格区域内所有数值的最小值。

　　例如，输入"=MIN(B3:H6)"，结果为从左上角 B3 到右下角 H6 的矩形区域内所有数值的最小值。

　　　　输入"=MIN(3,5,12,33)"，结果为 3。

3）RANK.EQ( )

格式：RANK.EQ(数字，数字列表)。

　　返回一个数字在数字列表中的排位。其大小与列表中的其他值相关，若多个值具有相同的排位，则返回该组数值的最高排位。

4）COUNT( )

格式：COUNT(单元格区域)。

该函数用于计算指定单元格区域内数值型参数的数目。

例如，输入"=COUNT(B3:H3)"，结果为 B3 到 H3 单元格区域内数值型参数的数目。

 专家点睛

在数据汇总统计分析中，COUNT( )和 COUNTIF( )是非常有用的函数。

5）COUNTA( )

格式：COUNTA(单元格区域)。

该函数用于计算指定单元格区域内非空值参数的数目。

例如，输入"=COUNTA(B3:H3)"，结果为 B3 到 H3 单元格区域内数据项的数目。

6）IF( )

格式：IF(条件表达式,表达式1,表达式2)。

首先计算条件表达式的值，如果为 TRUE，则函数的结果为表达式 1 的值，否则，函数的结果为表达式 2 的值。

例如，若 B3 单元格的值为 100，则输入"=IF(B3>=90,"优秀"，"优良")"，其结果为"优秀"。输入"=IF(AND(B3>=90,B3<=95),"优良","不确定")"，其结果为"不确定"。

 专家点睛

IF 函数只包含 3 个参数，它们分别是需要判断的条件、当条件成立时的返回值和当条件不成立时的返回值。当需要判断的条件多于 1 个时，可以进行 IF 函数的嵌套，但最多只能嵌套 7 层。

利用 VALUE_IF_TRUE（条件为 TRUE 时的返回值）和 VALUE_IF_FALSE（条件为 FALSE 时的返回值）参数可以构造复杂的检测条件。例如，公式=IF（B3:B9<60,"差"，IF（B3:B9<75,"中"，IF（B3:B9<85，"良"，"好"）))。

7. 数据排序

排序是指将数据列表中的记录按照某个字段名的数据值或条件从小到大或从大到小地进行排列。用来排序的字段名或条件称为排序关键字。

1）**单个关键字排序**

当数据列表中的数据需要按照某一个关键字进行升序或降序排列时，需要先单击该关键字所在列的任意一个单元格，然后在"数据"选项卡的"排序和筛选"组中，单击"升序"按钮 Ａ↓ 或者"降序"按钮 ↓Ａ 即可完成排序。

2）多个关键字排序

当数据列表中的数据需要按照一个以上的关键字进行升序或降序排列时，可以通过"排序"对话框实现。

首先，选定需要排序的单元格区域，在"数据"选项卡的"排序和筛选"组中，单击"排序"按钮，打开"排序"对话框。其次，在"主要关键字"下拉列表中选择第一关键字、排序依据及次序，然后单击"添加条件"按钮，弹出"次关键字"行，在"次要关键字"下拉列表中选择第二关键字、排序依据及次序，以此类推。最后，勾选"数据包含标题"复选框，表示第一行作为标题行不参与排序，如图 4-65 所示。

图 4-65　"排序"对话框

单击"确定"按钮结束排序。

专家点睛

图 4-66　"排序选项"对话框

由于数据之间的相关性，有关系的数据都应被选定在排序区域内，否则，就不能进行排序操作。例如，如果数据列表中有 6 列，但在对数据进行排序之前只选定了它们中的 3 列，则剩下的列将不会被排序，从而使排序结果张冠李戴。如果已经产生了这种错误，单击快速访问工具栏上的"撤销"按钮即可还原。

单击"排序"对话框中的"选项"按钮，打开"排序选项"对话框，如图 4-66 所示，在此可自定义排序次序。可以选择按英文字母排序时是否区分大小写；在排序方向上，也可以根据需要"按列排序"或"按行排序"；在排序方法上，可选择按"字母排序"或按"笔划排序"。

8. 数据筛选

筛选是查找和处理单元格区域中数据子集的快捷方法。筛选与排序不同，它并不重排区域，只会显示出包含某一值或符合一组条件的行而隐藏其他的行。Excel 提供的自动筛选、自定义自动筛选和高级筛选可以满足大部分的需要。

1) 自动筛选

自动筛选是指一次只能对工作表中的一个单元格区域进行筛选，包括按选定内容筛选，它适用于简单条件下的筛选。当使用"筛选"功能时，筛选箭头将自动显示在筛选区域中列标签的右侧。

筛选时，首先选择要进行筛选的数据区域，在"数据"选项卡的"排序和筛选"组中，单击"筛选"按钮▼，此时列标题（字段名）的右侧会出现"下拉列表"按钮▼。然后根据筛选条件在弹出的下拉列表中进行选择，所需要的记录将被筛选出来，其余记录会被隐藏。

2) 自定义筛选

在进行数据筛选时，往往会用到一些特殊的条件，用户可以通过自定义筛选器进行筛选。自定义筛选可以显示含有一个值或另一个值的行，也可以显示某个列满足多个条件的行。

首先进行自动筛选操作，然后单击列标题右侧的"下拉列表"按钮，在弹出的下拉列表中选择"文本筛选"→"自定义筛选"选项，打开"自定义自动筛选方式"对话框，如图 4-67 所示。

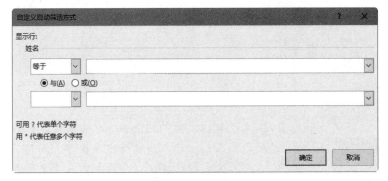

图 4-67　"自定义自动筛选方式"对话框

在该对话框中对该字段进行条件设定，然后单击"确定"按钮即可得到筛选出的记录。

 专家点睛

如果再次单击"筛选"按钮，将取消自动筛选，列标题右侧的"下拉列表"按钮▼将同时消失，数据将全部还原；或者在"数据"选项卡的"排序和筛选"组中，单击"清除"按钮▼，清除数据范围内的筛选和排序状态。

3）高级筛选

与以上两种筛选方法相比，高级筛选可以选用更多的筛选条件，并且可以不使用逻辑运算符而将多个筛选条件加以逻辑运算。高级筛选还可以将筛选结果从数据列表中抽取出来并复制到当前工作表的指定位置。

（1）条件区域的构成。

使用高级筛选时，需要建立一个条件区域。条件区域用来指定筛选的数据所必须满足的条件。条件区域的构成如下。

条件区域的首行输入数据列表被查询的字段名，如"基本工资""适当补贴"等，字段名的拼写必须正确并且要与数据列表中的字段名完全一致。

条件区域内不一定包含数据列表中的全部字段名，可以使用"复制""粘贴"的方法输入需要的字段名，并且不一定按字段名在数据列表中的顺序排列。

在条件区域的第二行及其以下各行开始输入筛选的具体条件，可以在条件区域的同一行输入多重条件。在同一行输入的多重条件间的逻辑关系是"与"；在不同行输入的多重条件间的逻辑关系是"或"。

（2）高级筛选的操作。

首先在数据列表的空白区域建立条件区域。然后在"数据"选项卡的"排序和筛选"组中，单击"高级"按钮，打开"高级筛选"对话框，如图 4-68 所示。

图 4-68　"高级筛选"对话框

在"方式"选区中选择筛选结果放置的位置，分别单击"列表区域"和"条件区域"文本框右侧的"折叠"按钮，折叠对话框，设置数据区域和条件区域，勾选"选择不重复的记录"复选框，单击"确定"按钮，即可得到筛选结果。

4）快速筛选

Excel 2016 新增了一个搜索框，利用它可以在大型工作表中快速筛选所需记录，直接在搜索框中输入关键字即可。

项目实现

（1）根据已有的"高等数学""基础会计""计算机基础"等单科成绩表，通过工作表复制生成如图 4-69 所示的成绩总表。

G31		:	×	✓	fx	89					
	A	B	C	D	E	F	G	H	I	J	K	L

1					2016级学生成绩一览表							
2	学号	姓名	性别	高等数学	大学英语	基础会计	计算机基础	总分	平均分	名次	奖学金
3	20160110101	刘芳	女	91.2	94	96.2	95.6	377	94.25	2	一等奖
4	20160110102	陈念念	女	92	94.8	94.8	94.2	375.8	93.95	4	二等奖
5	20160110103	马婷婷	女	91.6	95.6	94.8	87	369	92.25	15	
6	20160110104	黄建	男	86.4	93.6	94.4	95.6	370	92.5	12	三等奖
7	20160110105	钱帅	男	85	87.4	93	88	353.4	88.35	37	
8	20160110106	郭亚楠	男	83.4	94.4	94.6	89.6	362	90.5	27	
9	20160120101	张弛	男	94.2	96.4	92.4	92	375	93.75	5	二等奖
10	20160120102	王慧	女	96.4	95.4	94.4	95.6	381.8	95.45	1	一等奖
11	20160120103	李桦	女	92.6	91.8	89.4	93	366.8	91.7	19	
12	20160120104	王林峰	男	83.4	98.2	88	95	364.6	91.15	24	
13	20160120105	吴晓天	男	88.8	93.6	85.6	94.8	362.8	90.7	25	
14	20160120106	徐金凤	女	89.4	93.4	87.2	88	358	89.5	31	

◀ … 会计成绩表 | 计算机成绩表 | **成绩总表** | Sheet3 ⊕

图 4-69　成绩总表

（2）利用函数计算每位学生的总分和平均分、每位学生的总分排名，以及各门课程的平均分、最高分和最低分。

（3）根据奖学金比例和名次，评定奖学金等级。

（4）利用套用表格格式美化"成绩总表"工作表。

（5）对单科成绩表排序并汇总。

（6）对"成绩总表"工作表进行筛选，查找满足条件的学生。

1. 由多工作表生成"成绩总表"工作表

利用工作表移动和复制操作分别将给定的"高等数学"

由多工作表生成成绩总表

"基础会计""计算机基础"3 门单科成绩表复制到"学生管理"工作簿中，操作步骤如下。

（1）打开"各科成绩表"工作簿，右击"高等数学"工作表标签，在弹出的快捷菜单中选择"移动或复制"命令，打开"移动或复制工作表"对话框，如图 4-70 所示。

（2）在"工作簿"下拉列表中选择"学生管理.xlsx"选项，在"下列选定工作表之前"列表框中选择"Sheet3"选项，勾选"建立副本"复选框，如图 4-71 所示。

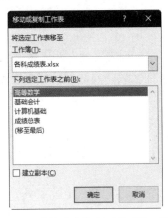

图 4-70　"移动或复制工作表"对话框

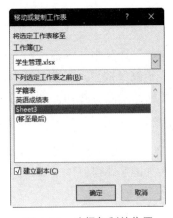

图 4-71　选择复制的位置

（3）单击"确定"按钮，"高等数学"工作表被复制到"学生管理"工作簿中，双击"高等数学"工作表标签，将名称改为"数学成绩表"，选择"文件"→"保存"命令，保存工作簿。

（4）同样方法，分别将"基础会计"工作表和"计算机基础"工作表复制到"学生管理"工作簿中。

利用复制操作将给定的"英语成绩表""数学成绩表""会计成绩表""计算机成绩表"4门单科成绩表生成"成绩总表"，操作步骤如下。

（1）打开"学生管理"工作簿，双击"Sheet3 工作表标签，重新命名为"成绩总表"。

（2）在 A1 单元格中输入标题"2016 级学生成绩一览表"。

（3）单击"英语成绩表"工作表标签，选中 A2:C46 单元格区域，在"开始"选项卡的"剪贴板"组中单击"复制"按钮，复制所选区域内容到剪贴板，单击"成绩总表"工作表标签，打开"成绩总表"，选中 A2 单元格，在"开始"选项卡的"剪贴板"组中，单击"粘贴"按钮，将所选区域内容复制到指定位置。

（4）在"开始"选项卡的"编辑"组中，单击"清除"按钮，在弹出的下拉列表中选择"清除格式"选项，清除复制的格式。

（5）选中 D2:G2 单元格区域，依次输入"大学英语""高等数学""基础会计""计算机基础"。

（6）在"英语成绩表"工作表中，选中 F3:F46 单元格区域，按"Ctrl+C"组合键复制所选区域内容到剪贴板，右击"成绩总表"的 D3 单元格，在弹出的快捷菜单中选择"选择性粘贴"→"粘贴数值"命令，复制英语总评成绩。

（7）单击"数学成绩表"工作表标签，选中 F3:F46 单元格区域，按"Ctrl+C"组合键复制所选区域内容到剪贴板，右击"成绩总表"的 E3 单元格，在弹出的快捷菜单中选择"选择性粘贴"→"粘贴数值"命令，复制高等数学总评成绩。

（8）同样方法，复制基础会计总评成绩和计算机基础总评成绩到"成绩总表"中。选择"文件"→"保存"命令，保存工作簿。

在"学生管理"工作簿中，将"数学成绩表"工作表移至"英语成绩表"工作表之前，在"成绩总表"工作表中，将"高等数学"列移至"大学英语"列之前，操作步骤如下。

（1）打开"学生管理"工作簿，单击"数学成绩表"工作表标签，按住鼠标左键不放，此时工作表标签左上角出现一个黑色的三角形。

（2）按住鼠标左键向左移动，当黑色三角形移至"英语成绩表"工作表标签左上方时释放鼠标左键，此时"数学成绩表"工作表就移至"英语成绩表"工作表之前了。

（3）单击"成绩总表"工作表标签，打开"成绩总表"工作表，将鼠标指针移至工作表最上方 E 列的列标，单击选择 E 列。

（4）在"开始"选项卡的"剪贴板"组中，单击"剪切"按钮，选择 D1 单元格。

（5）在"开始"选项卡的"单元格"组中，单击"插入"按钮，此时"高等数学"列就被移至"大学英语"列之前。

2．"成绩总表"工作表的统计计算

在"成绩总表"工作表中增加"总分"列和"平均分"列，计算每位学生的总分和平均分，操作步骤如下。

成绩总表的统计计算

（1）打开"成绩总表"工作表，单击 H2 单元格，输入"总分"，单击 I2 单元格，输入"平均分"。

（2）单击 H3 单元格，在"开始"选项卡的"编辑"组中，单击"自动求和"按钮 Σ，此时，单元格中显示求和函数 SUM，Excel 自动选择了计算范围 D3:G3，在函数下方显示函数的输入格式提示，如图 4-72 所示。

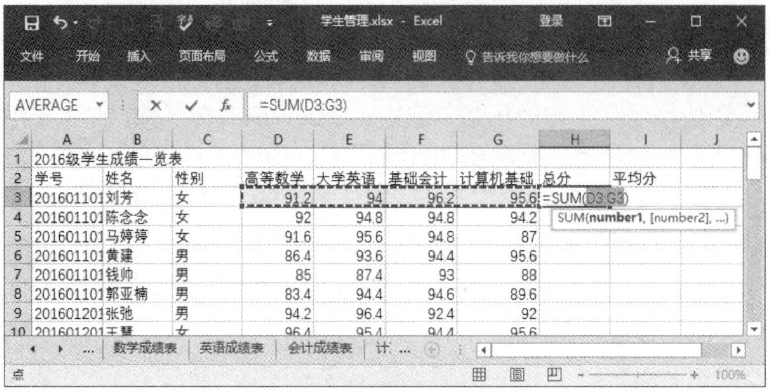

图 4-72　自动求和过程

（3）单击编辑栏的"输入"按钮确认，H3 单元格显示计算结果。

（4）将鼠标指针指向 H3 单元格右下角的填充柄，当鼠标指针变为 ✚ 时，双击填充柄，得到每位学生的总分。

（5）选中 I3 单元格，在"公式"选项卡的"函数库"组中，单击"自动求和"下拉按钮，在弹出的下拉列表中选择"平均值"选项，此时，单元格中显示平均值函数 AVERAGE，Excel 自动选择了计算范围 D3:H3，在函数下方显示函数的输入格式提示，如图 4-73 所示。

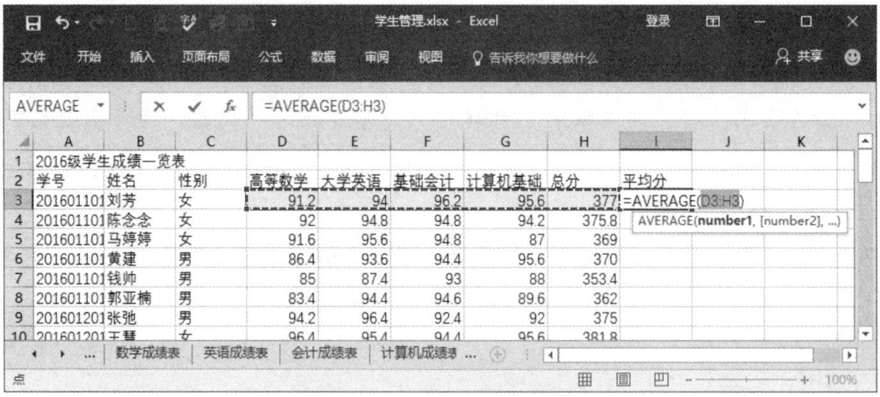

图 4-73　自动求平均值过程

（6）选中 D3:G3 单元格区域，重新设定计算范围，按"Enter"键，I3 单元格显示计算结果。

（7）将鼠标指针指向 I3 单元格右下角的填充柄，当鼠标指针变为 ✚ 时，双击填充柄，得到每位学生的平均分。

在"成绩总表"工作表中增加"名次"列，计算每位学生的总分排名，并修改每位学生的总分排名，操作步骤如下。

（1）打开"成绩总表"工作表，单击 J2 单元格，输入"名次"。

（2）选中 J3 单元格，单击编辑栏左边的"插入函数"按钮，打开"插入函数"对话框，在"或选择类别"下拉列表中选择"统计"选项，在"选择函数"列表框中选择"RANK.EQ"函数，如图 4-74 所示。

（3）单击"确定"按钮，打开"函数参数"对话框，将插入点定位在第 1 个参数"Number"处，从当前工作表中选择 H3 单元格，再将插入点定位在第 2 个参数"Ref"处，从当前工作表中选择 H3:H46 单元格区域，如图 4-75 所示。

图 4-74　"插入函数"对话框　　　　图 4-75　"函数参数"对话框

（4）单击"确定"按钮，在 J3 单元格返回计算结果"2"，单击 J3 单元格，将鼠标指针指向填充柄，双击填充柄复制公式，得到总分排名，如图 4-76 所示。

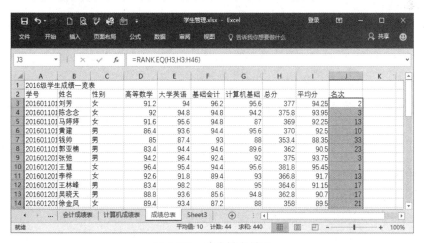

图 4-76　总分排名结果

（5）仔细检查"名次"列，会发现存在多个第 1 名，另外，其他名次也有多个重复的，如图 4-77 所示，显然，结果不正确，原因在于当数据被复制时，数据范围 H3:H46 应是绝对地址，但实际上是相对地址。

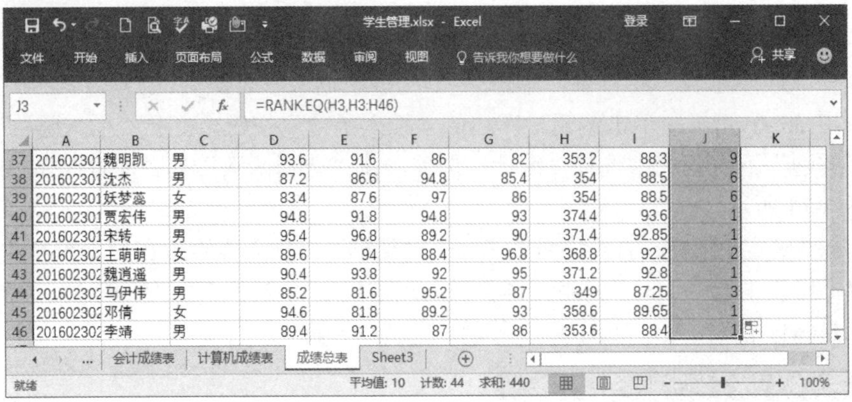

=RANK.EQ(H3,H3:H46)

	A	B	C	D	E	F	G	H	I	J
37	201602301	魏明凯	男	93.6	91.6	86	82	353.2	88.3	9
38	201602301	沈杰	男	87.2	86.6	94.8	85.4	354	88.5	6
39	201602301	妖梦蕊	女	83.4	87.6	97	86	354	88.5	6
40	201602301	贾宏伟	男	94.8	91.8	94.8	93	374.4	93.6	1
41	201602301	宋转	男	95.4	96.8	89.2	90	371.4	92.85	1
42	201602302	王萌萌	女	89.6	94	88.4	96.8	368.8	92.2	2
43	201602302	魏逍遥	男	90.4	93.8	92	95	371.2	92.8	1
44	201602302	马伊伟	男	85.2	81.6	95.2	87	349	87.25	3
45	201602302	邓倩	女	94.6	81.8	89.2	93	358.6	89.65	1
46	201602302	李婧	男	89.4	91.2	87	86	353.6	88.4	1

图 4-77 重复的总分排名

（6）选中 J3 单元格，激活编辑栏显示使用的函数，在函数输入格式中单击“Ref”参数，选择对应区域 H3:H46，按“F4”键，将选定的区域由相对引用转换为绝对引用“$H$3:$H$46”，单击编辑栏的“输入”按钮确认，双击填充柄，仔细观察排名结果，完全正确，如图 4-78 所示。

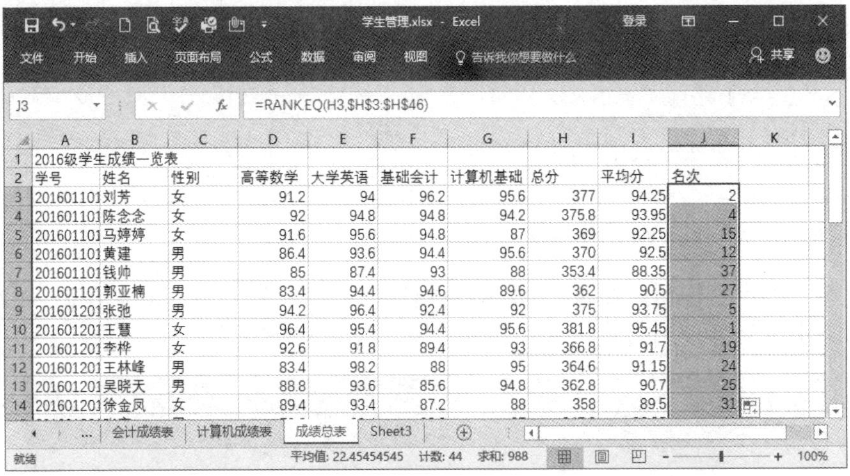

=RANK.EQ(H3,$H$3:$H$46)

	A	B	C	D	E	F	G	H	I	J
1	2016级学生成绩一览表									
2	学号	姓名	性别	高等数学	大学英语	基础会计	计算机基础	总分	平均分	名次
3	201601101	刘芳	女	91.2	94	96.2	95.6	377	94.25	2
4	201601101	陈念念	女	92	94.8	94.8	94.2	375.8	93.95	4
5	201601101	马婷婷	女	91.6	95.6	94.8	87	369	92.25	15
6	201601101	黄建	男	86.4	93.6	94.4	95.6	370	92.5	12
7	201601101	钱帅	男	85	87.4	93	88	353.4	88.35	37
8	201601101	郭亚楠	男	83.4	94.4	94.6	89.6	362	90.5	27
9	201601201	张弛	男	94.2	96.4	92.4	92	375	93.75	5
10	201601201	王慧	女	96.4	95.4	94.4	95.6	381.8	95.45	1
11	201601201	李桦	女	92.6	91.8	89.4	93	366.8	91.7	19
12	201601201	王林峰	男	83.4	98.2	88	95	364.6	91.15	24
13	201601201	吴晓天	男	88.8	93.6	85.6	94.8	362.8	90.7	25
14	201601201	徐金凤	女	89.4	93.4	87.2	88	358	89.5	31

图 4-78 由相对引用转换到绝对引用的结果

在“成绩总表”工作表中，计算各门课程的平均分，结果四舍五入保留两位小数，操作步骤如下。

（1）打开“成绩总表”工作表，单击 A47 单元格，输入“平均分”。

（2）选中 D47 单元格，在“公式”选项卡的“函数库”组中，单击“自动求和”下拉按钮，在弹出的下拉列表中选择“平均值”选项，单元格中显示求平均值函数 AVERAGE，Excel 自动选择了计算范围 D3:D46，按“Enter”键，得到计算结果。

（3）将鼠标指针指向 D47 单元格右下角的填充柄，当鼠标指针变为+时，向右拖动至 G46 单元格，这样其他 3 门课程的平均分就计算出来了。

（4）选中 D47 单元格，此时编辑栏显示“=AVERAGE(D3:D46)”，选中“AVERAGE(D3:D46)”，在“开始”选项卡的“剪贴板”组中，单击“剪切”按钮，将选定内容剪切到剪贴板上。

（5）在“公式”选项卡的“函数库”组中，单击“插入函数”按钮，打开“插入函数”对话框，在"搜索函数"文本框中输入"四舍五入"，单击"转到"按钮，Excel 自动搜索相关函数，找到后将近似函数在"选择函数"列表框中列出，选择"ROUND"函数，如图 4-79 所示。

图 4-79　"插入函数"对话框

（6）单击"确定"按钮，打开"函数参数"对话框，将插入点定位在第 1 个参数处，按"Ctrl+V"组合键，将剪贴板中的内容粘贴到该处，在第 2 个参数处输入"2"，如图 4-80 所示。

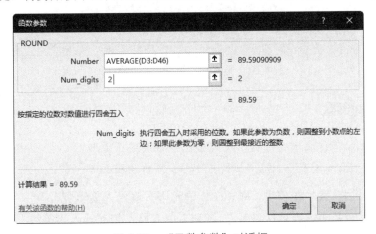

图 4-80　"函数参数"对话框

（7）单击"确定"按钮，D47 单元格中显示结果为"89.59"，编辑栏中的公式为"=ROUND (AVERAGE(D3:D46),2)"。

（8）将鼠标指针指向 D47 单元格右下角的填充柄，向右拖动至 G47 单元格。

（9）在"开始"选项卡的"数字"组中，单击"常规"下拉按钮，在弹出的下拉列表中选择"数字"选项，可以看到所有平均分都保留两位小数。

在"成绩总表"工作表中，计算各门课程的最高分和最低分，操作步骤如下。

（1）打开"成绩总表"工作表，单击 A48 单元格，输入"最高分"，单击 A49 单元格，输

入"最低分"。

（2）选中 D48 单元格，在"公式"选项卡的"函数库"组中，单击"插入函数"按钮，打开"插入函数"对话框，在"或选择类别"下拉列表中选择"统计"选项，在"选择函数"列表框中选择"MAX"函数。

（3）单击"确定"按钮，打开"插入函数"对话框，在第 1 个参数处显示计算范围 D3:D47，显然不正确，将范围改为 D3:D46，单击"确定"按钮，得到计算结果，将鼠标指针指向 D48 单元格右下角的填充柄，向右拖动至 G48 单元格，得到每门课程的最高分。

（4）使用同样的方法，选中 D49 单元格，在"插入函数"对话框中，在"或选择类别"下拉列表中选择"统计"选项，在"选择函数"列表框中选择"MIN"函数，计算范围为 D3:D46，单击"确定"按钮，得到单门课程最低分，将鼠标指针指向 D49 单元格右下角的填充柄，向右拖动至 G49 单元格，得到每门课程的最低分，计算结果如图 4-81 所示。

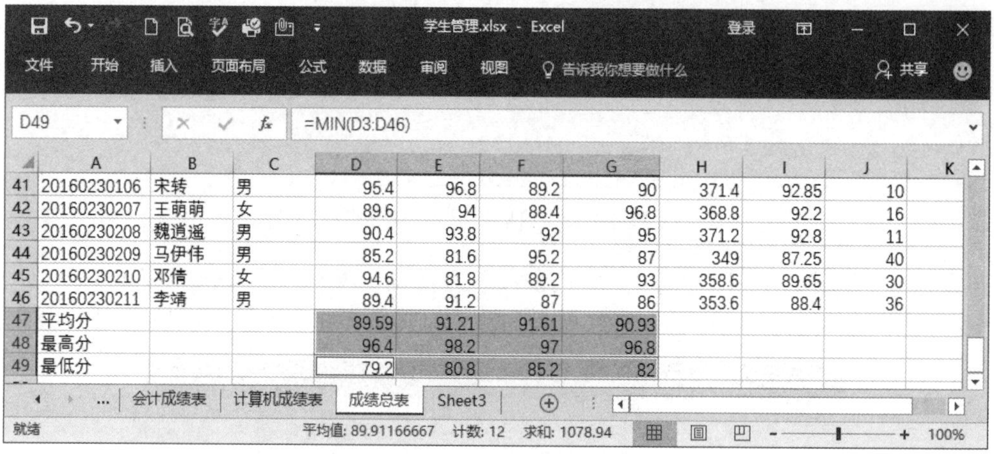

图 4-81　最高分、最低分的计算结果

3．评定奖学金等级

评定奖学金等级

在"成绩总表"工作表中，根据名次评出上学期奖学金等级。评选比例：一等奖 5%，二等奖 10%，三等奖 15%，操作步骤如下。

（1）打开"成绩总表"工作表，单击 K2 单元格，输入"奖学金"。

（2）构建奖学金等级、人数区域。选中 M5 单元格，依次输入"等级""人数""一等奖""二等奖""三等奖"，如图 4-82 所示。

（3）单击 N6 单元格，输入公式"=ROUND(COUNTA(A3:A46)*5%,0)"，如图 4-83 所示，单击编辑栏的"确认"按钮，得到一等奖的分配人数。

（4）单击 N6 单元格，拖动其填充柄至 N8 单元格复制公式，单击 N7 单元格，将 5% 修改为 10%，单击编辑栏的"确认"按钮，得到二等奖分配人数；单击 N8 单元格，将 5% 修改为 15%，单击编辑栏的"确认"按钮，得到三等奖分配人数，如图 4-84 所示。

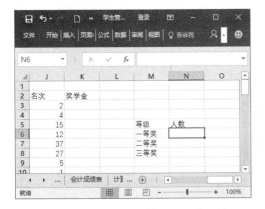

图 4-82　构建奖学金等级、人数区域

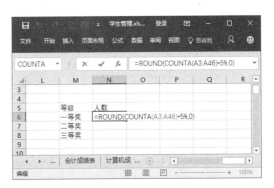

图 4-83　输入公式

图 4-84　奖学金分配人数

（5）单击 K3 单元格，输入公式"=IF(J3<=$N$6,"一等奖",IF(J3<=$N$6+$N$7,"二等奖",IF(J3<=$N$6+$N$7+$N$8,"三等奖","")))"，如图 4-85 所示。

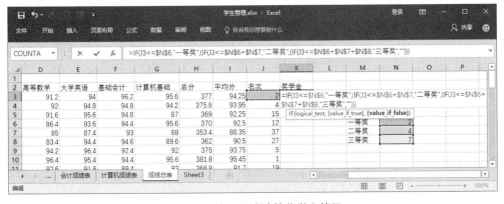

图 4-85　输入公式计算奖学金等级

（6）单击编辑栏的"确认"按钮，得到奖学金等级，拖动 K3 单元格的填充柄到 K46 单元格，得到每个学生的奖学金等级，如图 4-86 所示。

图 4-86　奖学金等级

美化成绩总表

4．美化"成绩总表"工作表

套用表格格式，美化"成绩总表"工作表，操作步骤如下。

（1）打开"成绩总表"工作表，选中 A1:K1 单元格区域，在"开始"选项卡的"对齐方式"组中，单击"合并后居中"按钮，将标题合并单元格后居中对齐，设置标题为"幼圆，16 磅"。

（2）在"开始"选项卡的"样式"组中，单击"套用表格格式"按钮，在弹出的下拉列表中选择"浅色"选项组中的"浅蓝，表样式浅色 16"选项，如图 4-87 所示。

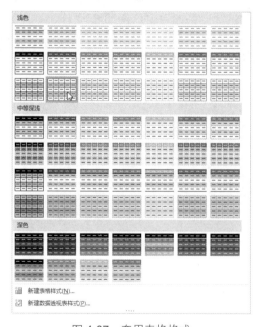

图 4-87　套用表格格式

（3）打开“创建表”对话框，设置“表数据的来源”为“$A$2:$K$49”，勾选“表包含标题”复选框，如图 4-88 所示。

（4）单击“确定”按钮套用表格格式，从套用效果看到，除应用了表格格式外，在每列的列标题右侧还添加了“筛选”按钮，单击“筛选”按钮可以对表格中的数据进行筛选查看。

（5）单击表格区域中的任意单元格，在“表格工具/设计”选项卡的“工具”组中，单击“转换为区域”按钮，打开“是否将表转换为普通区域”对话框，单击“是”按钮，套用表格格式后的效果如图 4-89 所示。

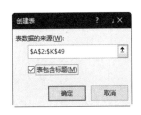

图 4-88 “创建表”对话框

	A	B	C	D	E	F	G	H	I	J	K
1	2016级学生成绩一览表										
2	学号	姓名	性别	高等数学	大学英语	基础会计	计算机基础	总分	平均分	名次	奖学金
3	20160110101	刘芳	女	91.2	94	96.2	95.6	377	94.25	2	一等奖
4	20160110102	陈念念	女	92	94.8	94.8	94.2	375.8	93.95	4	二等奖
5	20160110103	马婷婷	女	91.6	95.6	94.8	87	369	92.25	15	
6	20160110104	黄建	男	86.4	93.6	94.4	95.6	370	92.5	12	三等奖
7	20160110105	钱帅	男	85	87.4	93	88	353.4	88.35	37	
8	20160110106	郭亚楠	男	83.4	94.4	94.6	89.6	362	90.5	27	
9	20160120101	张弛	男	94.2	96.4	92.4	92	375	93.75	5	二等奖
10	20160120102	王慧	女	96.4	95.4	94.4	95.6	381.8	95.45	1	一等奖
11	20160120103	李桦	女	92.6	91.8	89.4	93	366.8	91.7	19	

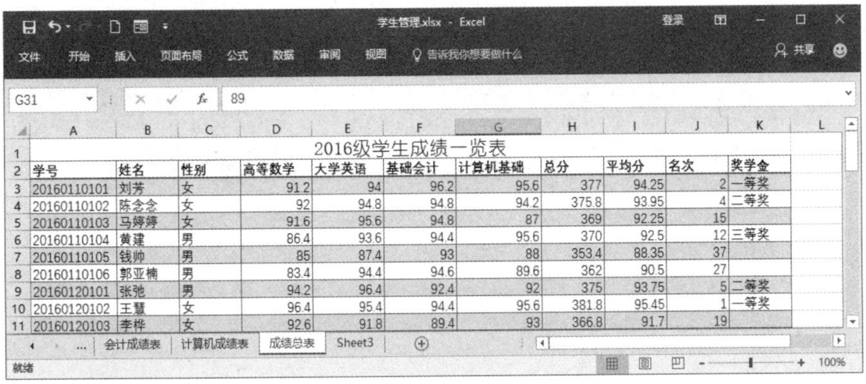

图 4-89 套用表格格式后的效果

5. 排序单科成绩表

在“英语成绩表”工作表中，按“总评成绩”降序排列，操作步骤如下。

排序单科成绩表

（1）单击“英语成绩表”工作表标签，打开“英语成绩表”工作表，单击“总评成绩”列的任一单元格。

（2）在“数据”选项卡的“排序和筛选”组中，单击“降序”按钮，工作表以记录为单位按照“总评成绩”列值由高到低的排序方式进行排序，如图 4-90 所示。

	A	B	C	D	E	F
1	大学英语期末成绩表					
2	学号	姓名	性别	平时成绩	期末成绩	总评成绩
3	20160120104	王林峰	男	100	97	98.2
4	20160210106	赵碧漪	女	94	100	97.6
5	20160230106	宋韩	男	98	96	96.8
6	20160120101	张弛	男	94	98	96.4
7	20160110103	马婷婷	女	89	100	95.6
8	20160120102	王慧	女	99	93	95.4
9	20160210105	蒋文景	男	98	93	95
10	20160110102	陈念念	女	93	96	94.8
11	20160220101	李美华	女	93	96	94.8
12	20160220105	徐帆	男	97	93	94.6
13	20160110106	郭亚楠	男	98	92	94.4
14	20160120111	单红	女	98	92	94.4
15	20160110101	刘芳	女	97	92	94
16	20160230207	王萌萌	女	97	92	94
17	20160230208	魏逍遥	男	95	93	93.8
18	20160110104	黄建	男	90	96	93.6
19	20160120105	吴晓天	男	96	92	93.6
20	20160220106	孙志超	男	99	90	93.6
21	20160120106	徐金凤	女	88	97	93.4
22	20160210104	邱静华	男	97	91	93.4

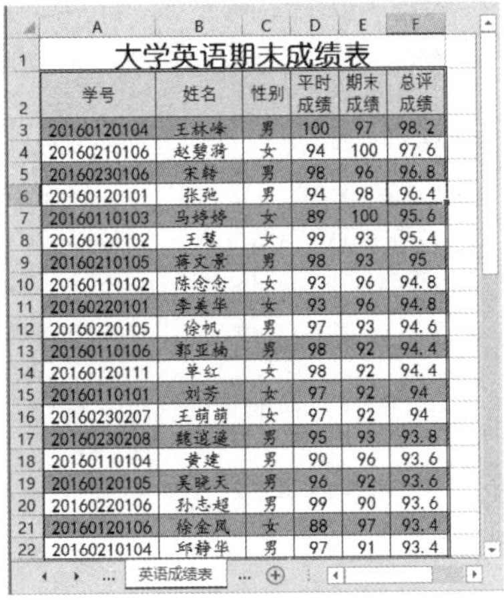

图 4-90 降序排序结果

在"数学成绩表"工作表中，以"性别"为主要关键字升序排列，以"总评成绩"为第2关键字降序排列，以"姓名"为第3关键字升序排列，并套用表格格式美化该工作表，操作步骤如下。

（1）单击"数学成绩表"工作表标签，打开"数学成绩表"工作表，单击工作表任一单元格。

（2）在"数据"选项卡的"排序和筛选"组中，单击"排序"按钮，打开"排序"对话框，在"列"选项组的"主要关键字"下拉列表中选择"性别"选项，"排序依据"采用默认值"数值"，在"次序"选项组的下拉列表中选择"升序"选项。

（3）单击"添加条件"按钮，出现次序关键字条件，在"次要关键字"下拉列表中选择"总评成绩"选项，在"排序依据"下拉列表中选择"数值"选项，在"次序"下拉列表中选择"降序"选项。

（4）重复上一步骤，分别选择"姓名""数值""升序"，如图 4-91 所示。

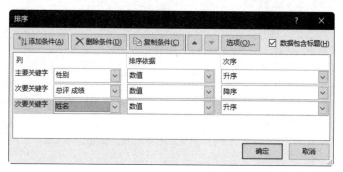

图 4-91　"排序"对话框

（5）单击"确定"按钮，"数学成绩表"工作表的排序结果如图 4-92 所示。

（6）在"数学成绩表"工作表中，单击任一单元格，套用"白色，表样式浅色 18"表格格式，将表格转换为普通区域。

	A	B	C	D	E	F	G
1	高等数学期末成绩表						
2	学号	姓名	性别	平时成绩	期末成绩	总评成绩	
3	20160130101	李阳	男	98	94	95.6	
4	20160210104	邱静华	男	95	96	95.6	
5	20160230106	宋转	男	93	97	95.4	
6	20160220105	徐帆	男	97	94	95.2	
7	20160230105	贾宏伟	男	93	96	94.8	
8	20160120101	张弛	男	96	93	94.2	
9	20160230102	魏明凯	男	90	96	93.6	
10	20160210103	黄豆	男	96	91	93	
11	20160120109	刘畅	男	90	94	92.4	
12	20160120108	刘梦迪	男	86	95	91.4	
13	20160210101	赵亮	男	85	95	91	
14	20160130102	王辉	男	96	87	90.6	
15	20160230208	魏逍遥	男	97	86	90.4	

图 4-92　多关键字排序结果

在"会计成绩表"工作表中，以"总评成绩"为关键字降序排列，并利用套用表格的汇总行计算平均分，操作步骤如下。

（1）单击"会计成绩表"工作表标签，打开"会计成绩表"工作表，单击工作表任一单元格，套用表格格式"蓝色，表样式中等深浅 2"。

（2）单击"总评成绩"列标题右侧的"下拉列表"按钮，在弹出的下拉列表中选择"降序"选项，该列下拉按钮变为，表示该列已按降序排列。

（3）单击工作表任一单元格，在"表格工具/设计"选项卡的"表格样式选项"组中，勾选"汇总行"和"最后一列"复选框。

（4）将 A47 单元格的文字"汇总"改为"平均分"，选中 D47 单元格，单击其右侧的"下拉列表"按钮，在弹出的下拉列表中选择"平均值"选项，结果如图 4-93 所示。

图 4-93　排序汇总结果

6.筛选"成绩总表"

将"成绩总表"工作表复制一份，并将复制的工作表改名为"自动筛选"。在"自动筛选"工作表中筛选满足以下条件的数据记录：姓"刘"或姓名中最后一个字为"华"，其"计算机基础"的成绩在 90 分（含 90）以上，"名次"在前 5 的"女"同学，操作步骤如下。

筛选成绩总表

（1）单击"成绩总表"工作表标签，按住"Ctrl"键，将"成绩总表"工作表拖动到目标位置后释放，将"成绩总表(2)"工作表重命名为"自动筛选"。

（2）选中 A2:J46 单元格区域，在"数据"选项卡的"排序和筛选"组中，单击"筛选"按钮，在所有列标题右侧自动添加筛选按钮。

（3）单击"姓名"列的筛选按钮，在弹出的下拉列表中选择"文本筛选"→"自定义筛选"选项，打开"自定义自动筛选方式"对话框。

（4）设置第 1 个条件为"开头是""刘"，选中"或"单选按钮，设置第 2 个条件为"结尾是""华"，如图 4-94 所示。

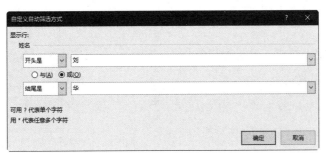

图 4-94　"自定义自动筛选方式"对话框

（5）单击"确定"按钮，此时工作表中"姓名"字段的筛选按钮变成，满足条件的记录

行号变成蓝色,当鼠标指针指向 ▼ 按钮时,筛选条件将显示出来,如图 4-95 所示。

图 4-95　姓名筛选结果

专家点睛

在"自定义自动筛选方式"对话框中,单选按钮"与"表示两个以上条件同时满足,"或"表示两个以上条件满足一个即可。

(6)单击"计算机基础"列的筛选按钮,在弹出的下拉列表中选择"数字筛选"→"大于等于"选项,打开"自定义自动筛选方式"对话框,输入"90",单击"确定"按钮。

(7)单击"名次"列的筛选按钮,在弹出的下拉列表中选择"数字筛选"→"前 10 项"选项,打开"自动筛选前 10 个"对话框,设置筛选条件为"最小""5""项",如图 4-96 所示。

(8)单击"确定"按钮,排名前 5 显示在表中,单击"性别"列的筛选按钮,在弹出的下拉列表中取消勾选"全选"复选框,勾选"女"复选框,如图 4-97 所示。

图 4-96　"自动筛选前 10 个"对话框　　　　图 4-97　筛选性别为"女"

(9)单击"确定"按钮,满足筛选条件的记录显示在工作表中,如图 4-98 所示。

图 4-98　自动筛选的筛选结果

将"成绩总表"工作表复制一份,并将复制的工作表改名为"高级筛选"。在"高级筛选"

工作表中筛选总分小于 350 分的男生或总分大于等于 375 分的女生，操作步骤如下。

（1）选择"成绩总表"工作表标签，按住"Ctrl"键，将"成绩总表"工作表拖动到目标位置后释放，将"成绩总表(2)"工作表重命名为"高级筛选"。

（2）构造筛选条件，即指定一个条件区域。条件区域与数据区域之间至少应间隔一行或一列，为遵循这个原则，在"高级筛选"工作表中单击 C2 单元格，按"Ctrl"键单击 H2 单元格，按"Ctrl+C"组合键复制所选单元格内容，单击 L6 单元格，按"Ctrl+V"组合键，将复制内容粘贴到 L6:M6 单元格区域中，设置如图 4-99 所示的条件。

（3）单击"高级筛选"工作表任意单元格，在"数据"选项卡的"排序和筛选"组中，单击"高级"按钮，打开"高级筛选"对话框，同时数据区域被自动选定，选中"将筛选结果复制到其他位置"单选按钮，单击"条件区域"右侧的"折叠"按钮，拖动鼠标选定 L6:M8 单元格区域，单击"复制到"右侧的"折叠"按钮，单击 A52 单元格选定存放筛选结果的起始单元格，如图 4-100 所示。

图 4-99　条件区域

图 4-100　"高级筛选"对话框

（4）单击"确定"按钮，满足筛选条件的记录显示在 A52 开始的单元格区域，如图 4-101 所示。

	A	B	C	D	E	F	G	H	I	J	K
51											
52	学号	姓名	性别	高等数学	大学英语	基础会计	计算机基础	总分	平均分	名次	
53	20160110101	刘芳	女	91.2	94	96.2	95.6	377	94.25	2	
54	20160110102	陈念念	女	92	94.8	94.8	94.2	375.8	93.95	4	
55	20160120102	王慧	女	96.4	95.4	94.4	95.6	381.8	95.45	1	
56	20160120107	张宇	男	79.2	89.4	92.2	87	347.8	86.95	41	
57	20160210102	黄忠	男	84.4	84.2	85.2	93	346.8	86.7	42	
58	20160230209	马伊伟	男	85.2	81.6	95.2	87	349	87.25	40	
59											
60											

图 4-101　高级筛选的筛选结果

将"学生管理"工作簿复制一份，并将复制的工作簿改名为"学生管理（主题）"，将"学生管理（主题）"工作簿中的所有工作表使用"主题"来统一风格，操作步骤如下。

（1）打开"学生管理"工作簿，选择"文件"→"另存为"命令，将文件另存为"学生管理（主题）.xlsx"。

（2）在"学生管理（主题）"工作簿中选择任意一个工作表，在"页面布局"选项卡的"主题"组中，单击"主题"按钮，在弹出的下拉列表中选择"Office"选项组中的"包裹"选项，如图 4-102 所示。

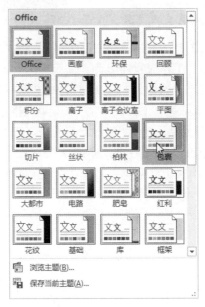

图 4-102　"主题"下拉列表

（3）保存文件，分别切换到不同工作表中，可以看到凡是设置过单元格格式或套用了表格格式的工作表中的字体、底纹、边框的颜色都已经统一成"包裹"风格。但没有设置单元格格式的工作表只有字体发生了变化。

项目 4
分析成绩统计表

项目描述

创建"成绩统计表"工作表；统计总分的平均分、最高分和最低分，不同分数段的学生人数，参加考试情况；计算优秀率和及格率；按学校规定的比例确定奖学金获得者名单。

项目分析

首先新建工作表，重命名为"成绩统计表"，将"成绩总表"的"学号""姓名""总分""名次"项复制到"成绩统计表"工作表中，利用 AVERAGE 函数统计平均分，利用 MAX 及 MIN 函数计算最高分和最低分，利用 COUNTA 函数统计奖学金获得者人数，利用 IF 函数获得奖学金获得者名单，利用 COUNTA、COUNTIF、COUNTIFS 函数统计不同分数段的学生人数及考试情况，利用 IF 函数生成"成绩等级表"，利用条件格式设置成绩统计表显示格式，利用图表进行数据分析。

相关知识

1．统计函数

1）COUNTIF（）

格式：COUNTIF(单元格区域,条件)。

计算给定单元格区域内满足给定条件的单元格的数目。

例如，输入"=COUNTIF(C3:C9,211)"，其结果是 C3:C9 单元格区域中值为 211 的单元格个数。

2）COUNTIFS（）

格式：COUNTIFS(单元格区域,条件)。

统计一组给定条件所指定的单元格数目。

例如，输入"=COUNTIF(C3:C9,">=0",C3:C9,"<=10")"，其结果是 C3:C9 单元格区域中值在大于等于 0 且小于等于 10 范围内的单元格个数。

2．插入与编辑图表

1）图表

Excel 工作表中的数据可以用图形的方式来表示。图表具有较好的视觉效果，可方便用户查看数据的差异、图案和预测趋势。例如，用户不必分析工作表中的多个数据列就可以立即看到数据的升降，或者方便地对不同数据项进行比较。

2）使用图表的方式

Excel 中有两种使用图表的方式：嵌入式图表和独立式图表。嵌入式图表与建立工作表的数据共存于同一工作表中，独立式图表则单独存在于另一个工作表中。

3）图表的类型

Excel 2016 提供了 17 种类型的图表，分别如下。

柱形图。柱形图用于显示一段时间内的数据变化或说明项目之间的比较结果。

折线图。折线图显示了相同间隔内数据的预测趋势。

饼图。饼图显示构成数据系列的项目相对于项目总和的比例。饼图中只显示一个数据系列。当希望强调某个重要元素时，饼图很有用。

条形图。条形图显示了各个项目之间的比较情况。纵轴表示分类，横轴表示值。

面积图。面积图强调了数据随时间的变化幅度。由于也显示了绘制值的总和，因此面积图也可显示部分与整体的关系。

XY 散点图。XY 散点图既可以显示多个数据系列的数值间关系，也可以将两组数据绘制成一系列的 XY 坐标。

地图。Excel 绘制地图主要使用 PowerMap 模块。PowerMap 是微软基于 Bing 地图开发的一款数据可视化工具，它可以针对地理和时间数据跨地理区域绘制并生动形象地展示数据动态

发展趋势。在绘制时需要提供国家/地区、州/省/自治区、县或邮政编码等地理数据信息。

股价图。盘高→盘低→收盘图常用来说明股票价格。

曲面图。当希望在两组数据间查找最优组合时，曲面图将会很有用。

雷达图。在雷达图中，每个分类都有它自己的数值轴，每个数值轴都从中心向外辐射。而线条则以相同的顺序连接所有的值。

树状图。树状图能够凸显在商业活动中哪些业务、产品能产生最大的收益，或者在收入中占据最大的比例。

旭日图。旭日图也称太阳图，其层次结构中每个级别的比例通过 1 个圆环表示，离原点越近代表圆环级别越高，最内层的圆表示层次结构的顶级，然后一层一层去看数据的占比情况。另外，当数据不存在分层时，旭日图也就是圆环图。

直方图。直方图能够显示业务目标趋势及客户统计，能够帮助企业更好地了解有需求客户的分布。

箱形图。箱形图用于一次性获取一批数据的"四分值"、平均值及离散值，即最高值、3/4四分值、平均值、1/2 四分值、1/4 四分值和最低值。

瀑布图。主要用于展示各个数值之间的累计关系。该图表能够高效地反映哪些特定信息或趋势能够影响到业务底线，展示收支平衡、亏损和盈利信息。

漏斗图。漏斗图能帮助企业跟踪销售情况。

组合图。当需要在图表中体现多个数据维度，如需要柱形图、折线图等在同一个图表中呈现时，就需要使用组合图。

每种类型的图表还有若干子类型，如柱形图中有簇状柱形图、堆积柱形图、百分比柱形图、三维簇状柱形图、三维堆积柱形图、三维百分比柱形图和三维柱形图共 7 个子图表类型。

4）使用一步创建法创建图表

在工作表上选定要创建图表的数据区域，按"F11"键，可插入一张新的独立式图表，该方法只能创建独立式图表。

5）创建图表

在 Excel 中可利用"插入"选项卡"图表"组功能区的图表类型按钮（如"柱形图"按钮），在弹出的下拉列表中选择该类型的具体图表，或者单击右下角的"对话框启动器"按钮，打开"插入图表"对话框两种方法来创建图表。

6）为图表添加标签

为使图表更易于理解，可以为图表添加标签。图表标签主要用于说明图表上的数据信息，它包括图表标题、坐标轴标题、数据标签等。

 专家点睛

在默认情况下，数据标签所显示的值与工作表中的值是相连的，在对这些值进行更改时，数据标签会自动更新。

7）为图表添加趋势线

趋势线以图形的方式表示数据系列的变化趋势并预测以后的数据。若在实际工作中需要利用图表进行回归分析，则可以在图表中添加趋势线。

8）为图表添加误差线

在 Excel 中误差线的添加方法与趋势线的相同。

 项目实现

本项目将利用 Excel 2016 制作如图 4-103 所示的"成绩统计表"工作表。

（1）利用已有的"成绩总表"工作表通过单元格引用创建"成绩统计表"工作表。

（2）利用单元格引用获得年级平均分、最高分和最低分。

（3）利用函数获得不同考试情况的人数。

（4）利用函数计算各分数段的人数。

（5）利用公式计算优秀率和及格率。

（6）利用 IF 函数生成如图 4-104 所示的课程等级表。

（7）利用条件格式对"成绩总表"工作表设置显示格式。

（8）利用图表统计分析"成绩统计表"工作表。

	A	B	C	D	E
1	2016级学生成绩统计表				
2	课程	高等数学	大学英语	基础会计	计算机基础
3	年级平均分	89.59	91.21	91.61	90.93
4	年级最高分	96.4	98.2	97	96.8
5	年级最低分	79.2	80.8	85.2	82
6	应考人数	44	44	44	44
7	参考人数	44	44	44	44
8	缺考人数	0	0	0	0
9	90-100（人）	24	30	27	27
10	75-90（人）	20	14	17	17
11	60-75（人）	0	0	0	0
12	低于60（人）	0	0	0	0
13	优秀率	54.55%	68.18%	61.36%	61.36%
14	及格率	100.00%	100.00%	100.00%	100.00%

图 4-103　成绩统计表

	A	B	C	D	E	F	G	H
1	学号	姓名	性别	高等数学	大学英语	基础会计	计算机基础	
2	201601101	刘芳	女	A	A	A	A	
3	201601101	陈念念	女	A	A	A	A	
4	201601101	马婷婷	女	A	A	A	B	
5	201601101	黄建	男	B	B	A	B	
6	201601101	钱帅	男	B	B	A	B	
7	201601101	郭亚楠	男	B	B	A	B	
8	201601201	张弛	男	B	A	A	B	
9	201601201	王慧	女	A	A	A	A	
10	201601201	李桦	女	A	A	B	A	
11	201601201	王林峰	男	B	A	B	A	
12	201601201	吴晓天	男	B	B	A	A	
13	201601201	徐金凤	女	B	A	B	B	

图 4-104　课程等级表

1. 创建"成绩统计表"工作表

打开"成绩总表"工作表，利用工作表引用操作，生成"成绩统计表"工作表，操作步骤如下。

创建成绩统计表

（1）打开"学籍管理"工作簿，单击工作表标签栏的"新工作表"按钮⊕，新建一张空白工作表，双击工作表标签，工作表名反白显示，输入新工作表名"成绩统计表"。

（2）单击 A1 单元格，输入"2016 级学生成绩统计表"，单击 A2 单元格，输入"课程"，单击 B2 单元格，输入"="，单击"成绩总表"标签，切换到"成绩总表"，再单击 D2 单元格，此时，编辑栏显示"=显示成绩总表!D2"，单击"输入"按钮，此时切换到"成绩统计表"，B2 单元格显示"高等数学"。

（3）同样地，依次引用"成绩总表"的 E2、F2、G2 单元格的内容，如图 4-105 所示。

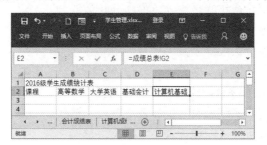

图 4-105　引用单元格结果

（4）单击 A3 单元格，向下依次输入"年级平均分""年级最高分""年级最低分""应考人数""参考人数""缺考人数""90-100（人）""75-90（人）""60-75（人）""低于 60（人）""优秀率""及格率"。

（5）选中 A1:E1 单元格区域，在"开始"选项卡的"对齐方式"组中，单击"合并后居中"按钮，合并选定单元格，内容居中。

（6）选中 A2:E2 单元格区域，按住"Ctrl"键，再选中 A3:A14 单元格区域，在"开始"选项卡的"样式"组中，单击"单元格样式"按钮，在弹出的下拉列表中选择"主题"单元格样式中的"60%-着色 4"选项，效果如图 4-106 所示。

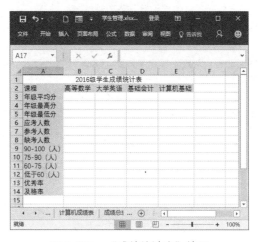

图 4-106　"成绩统计表"效果

208

2. 统计年级最高分和最低分

打开"成绩总表"工作表，利用单元格引用将 4 门课程的年级平均分、最高分和最低分引用到"成绩统计表"工作表中，操作步骤如下。

统计年级最高分和最低分

（1）在"成绩统计表"工作表中，单击 B3 单元格，输入"="，单击"成绩总表"工作表标签，在"成绩总表"工作表中单击该课程对应的平均分单元格 D47，如图 4-107 所示。

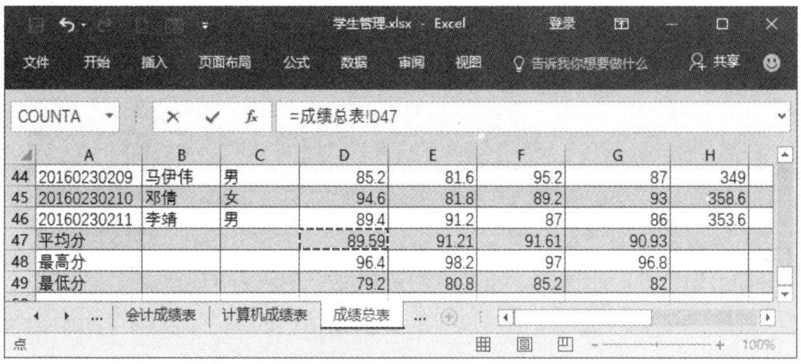

图 4-107　引用"成绩总表"中的数据

（2）按"Enter"键确认，此时在"成绩统计表"工作表的 B3 单元格中显示成绩，同时在编辑栏中显示公式"=成绩总表!D47"，如图 4-108 所示。

图 4-108　引用数据的结果

（3）拖动 B3 单元格的填充柄向右至 E3 单元格，得到 4 门课程的年级平均分。

（4）选中 B3:E3 单元格区域，将鼠标指针指向填充柄，向下拖动至 E5 单元格，分别得到 4 门课程的年级最高分和最低分，如图 4-109 所示。

图 4-109　引用数据的全部结果

3．统计不同情况的考试人数

统计不同情况的考试人数

打开"成绩统计表"工作表，利用 COUNT、COUNTA 函数统计不同情况的考试人数，操作步骤如下。

（1）在"成绩统计表"工作表中，单击 B6 单元格，在"公式"选项卡的"函数库"组中，单击"其他函数"按钮▓，在弹出的下拉列表中选择"统计"→"COUNTA"选项，打开"函数参数"对话框。

（2）单击"Value1"处，删除默认参数，单击"成绩总表"工作表标签，在"成绩总表"工作表中用鼠标重新选择参数范围 B3:B46，如图 4-110 所示。

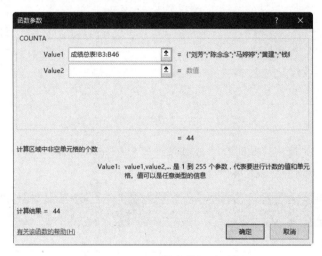

图 4-110　"函数参数"对话框

（3）单击"确定"按钮，应考人数显示在 B6 单元格中，拖动 B6 单元格的填充柄到 E6 单元格，得到 4 门课程的应考人数。

（4）单击 B7 单元格，在"开始"选项卡的"编辑"组中，单击"自动求和"下拉按钮，在弹出的下拉列表中选择"计数"选项，单击"成绩总表"工作表标签，在"成绩总表"工作表中用鼠标重新选择参数范围 D3:D46，此时编辑栏中的函数为"=COUNT(成绩总表!D3:D46)"，单击"输入"按钮，此时 B7 单元格显示参考人数。

（5）拖动 B7 单元格的填充柄到 E7 单元格，得到 4 门课程的参考人数。

 专家点睛

COUNT 函数与 COUNTA 函数都能返回指定范围内单元格的数目，但 COUNT 返回的是包含数字的单元格的个数，而 COUNTA 返回的是非空值单元格的个数，因此，选取范围内的数据类型很重要。

（6）由于缺考人数是应考人数与参考人数的差，因此单击 B8 单元格，输入"="，单击 B6 单元格，输入"−"，再单击 B7 单元格，按"Enter"键得到缺考人数。

（7）拖动 B8 单元格的填充柄到 E8 单元格，得到 4 门课程的缺考人数。

4．统计不同分数段的人数

统计不同分数段的人数

打开"成绩统计表"工作表，利用 COUNTIF、COUNTIFS 函数统计 4 门课程不同分数段的人数，操作步骤如下。

（1）在"成绩统计表"工作表中，单击 B9 单元格，单击编辑栏的"插入函数"按钮，打开"插入函数"对话框，在"或选择类别"下拉列表中选择"统计"选项，在"选择函数"列表框中选择"COUNTIF"选项，单击"确定"按钮，打开"函数参数"对话框。

（2）单击"Range"参数处，选择统计范围，单击"成绩总表"工作表标签，选择 D3:D46 单元格区域，将光标定位在"Criteria"参数处，设置统计条件，输入">=90"，如图 4-111 所示。

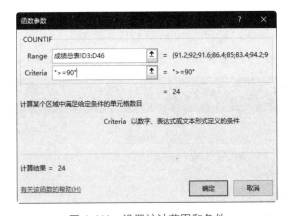

图 4-111　设置统计范围和条件

（3）单击"确定"按钮，90 分以上人数显示在 B9 单元格中，拖动 B9 单元格的填充柄到 E9 单元格，得到 4 门课程 90 分以上的人数。

（4）用同样的方法求低于 60 分的人数。单击 B12 单元格，单击编辑栏的"插入函数"按钮，打开"插入函数"对话框，在"或选择类别"下拉列表中选择"统计"选项，在"选择函数"列表框中选择"COUNTIF"选项，单击"确定"按钮，打开"函数参数"对话框。

（5）单击"Range"参数处，单击"成绩总表"工作表标签，选择 D3:D46 单元格区域，将光标定位在"Criteria"参数处，输入"<60"，单击"确定"按钮，60 分以下的人数显示在 B12 单元格中，拖动 B12 单元格的填充柄到 E12 单元格，得到 4 门课程低于 60 分的人数。

（6）单击 B10 单元格，单击编辑栏的"插入函数"按钮，打开"插入函数"对话框，在"或选择类别"下拉列表中选择"统计"选项，在"选择函数"列表框中选择"COUNTIFS"选项，单击"确定"按钮，打开"函数参数"对话框。

（7）单击"Criteria_range1"参数处，单击"成绩总表"工作表标签，选择 D3:D46 单元格区域，将光标定位在"Criteria1"参数处，输入">=75"，单击"Criteria_range2"参数处，单击"成绩总表"工作表标签，选择 D3:D46 单元格区域，将光标定位在"Criteria2"参数处，输入"<90"，如图 4-112 所示。

图 4-112 "函数参数"对话框

（8）单击"确定"按钮，75～90 分数段的人数显示在 B10 单元格中，拖动 B10 单元格的填充柄到 E10 单元格，得到 4 门课程 75～90 分数段的人数。

（9）用同样的方法得到 4 门课程 60～75 分数段的人数，如图 4-113 所示。

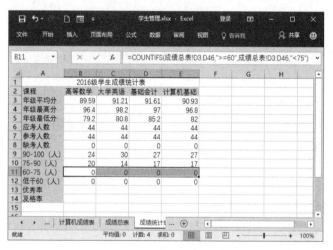

图 4-113 各分数段人数统计结果

5. 统计优秀率和及格率

统计优秀率和及格率

打开"成绩统计表"工作表，计算 4 门课程的优秀率和及格率，操作步骤如下。

（1）在"成绩统计表"工作表中，单击 B13 单元格，输入"="，单击 B9 单元格，引用优秀人数，输入"/"，单击 B7 单元格，引用参考人数，按"Enter"键，得到优秀率。

（2）拖动 B13 单元格的填充柄到 E13 单元格，得到 4 门课程的优秀率。

（3）单击 B14 单元格，输入"=1-"，单击 B12 单元格，引用不及格人数，输入"/"，单击 B7 单元格，引用参考人数，按"Enter"键，得到及格率。

（4）拖动 B14 单元格的填充柄到 E14 单元格，得到 4 门课程的及格率。

（5）选中 B13:E14 单元格区域，在"开始"选项卡的"数字"组中，单击"数字格式"下拉按钮，在弹出的下拉列表中选择"百分比"选项，得到按百分比显示的优秀率和及格率，如图 4-114 所示。

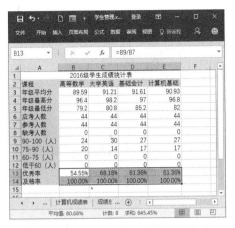

图 4-114　优秀率和及格率统计结果

制作课程等级表

6. 制作"课程等级表"工作表

打开"成绩总表"工作表，利用单元格复制操作创建等级表结构并删除单元格数据，利用 IF 函数的嵌套功能并依据"成绩总表"的数据，将数据转换为等级值，要求 90 分及以上为 A 级，75～90 分为 B 级，60～75 分为 C 级，60 分以下为 D 级，操作步骤如下。

（1）打开"学生管理"工作簿，新建空白工作表，将工作表改名为"课程等级表"。

（2）在"成绩总表"工作表中，选中 A2:G46 单元格区域，在"开始"选项卡的"剪贴板"组中，单击"复制"按钮，复制选定区域的内容，在"课程等级表"工作表中单击 A1 单元格，在"开始"选项卡的"剪贴板"组中，单击"粘贴"下拉按钮，在弹出的下拉列表中选择"粘贴数值"选项。

（3）在"课程等级表"工作表中，选中 D2:G45 单元格区域，按"Delete"键删除选定区域的内容。

（4）选中 D2 单元格，在"公式"选项卡的"函数库"组中，单击"逻辑"按钮 ，在弹出的下拉列表中选择"IF"选项，打开"函数参数"对话框。

（5）将光标定位在"Logical_test"参数处，单击"成绩总表"工作表标签，选择 D3 单元格，输入">=90"，将光标定位在"Value_if_true"参数处，输入""A""。

（6）将光标定位在"Value_if_false"参数处，单击"名称框"中的"IF"，又打开一个"函数参数"对话框，将光标定位在"Logical_test"参数处，单击"成绩总表"工作表中的 D3 单元格，输入">=75"，将光标定位在"Value_if_true"参数处，输入""B""。

（7）将光标定位在"Value_if_false"参数处，单击"名称框"中的"IF"，再次打开一个"函数参数"对话框，将光标定位在"Logical_test"参数处，单击"成绩总表"工作表中的 D3 单元格，输入">=60"，将光标定位在"Value_if_true"参数处，输入""C""，将光标定位在"Value_if_false"参数处，输入""D""，如图 4-115 所示。

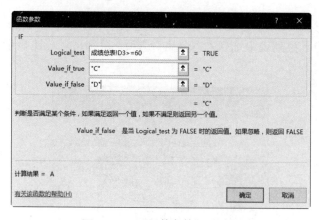

图 4-115　"函数参数"对话框

（8）单击"确定"按钮，所选单元格的等级将显示出来，此时，编辑框显示 IF 函数的嵌套引用，如图 4-116 所示。

图 4-116　IF 函数嵌套引用公式和结果

（9）向右拖动 D2 单元格的填充柄至 G2 单元格，然后双击填充柄，在"课程等级表"工作表中得到 4 门课程的等级，如图 4-117 所示。

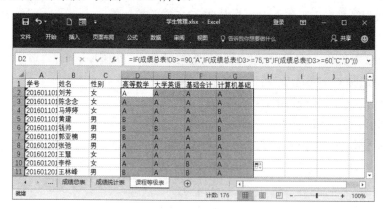

图 4-117　4 门课程的等级

（10）在"开始"选项卡的"样式"组中，单击"套用表格格式"按钮，在弹出的下拉列表中选择"表样式浅色 9"选项，并将表格转换为普通区域。

在"课程等级表"工作表中，利用条件格式将 4 门课程中所有 B 级的单元格设置为"浅红色填充深红色文本"，将所有 A 级的单元格设置为"黄色底纹绿色加粗字体"，操作步骤如下。

（1）在"课程等级表"工作表中，选中 D2:G45 单元格区域，在"开始"选项卡的"样式"组中，单击"条件格式"按钮，在弹出的下拉列表中选择"突出显示单元格规则"→"等于"选项，打开"等于"对话框。

（2）在"为等于以下值的单元格设置格式"文本框中输入"B"，在 "设置为"下拉列表中选择"浅红填充色深红色文本"选项，如图 4-118 所示。

图 4-118　"等于"对话框

（3）单击"确定"按钮，再次打开"等于"对话框，在"为等于以下值的单元格设置格式"文本框中输入"A"，在"设置为"下拉列表中选择"自定义格式"选项，打开"设置单元格格式"对话框，选择"字体"选项卡，设置字形为"加粗"，颜色为"绿色"，选择"填充"选项卡，设置填充色为"黄色"，如图 4-119 所示。

（4）单击"确定"按钮，返回"等于"对话框，如图 4-120 所示。

（5）单击"确定"按钮，结果如图 4-121 所示。

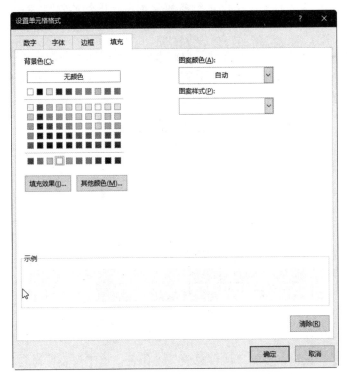

图 4-119　"设置单元格格式"对话框

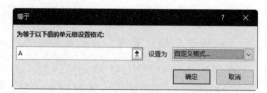

图 4-120　返回"等于"对话框

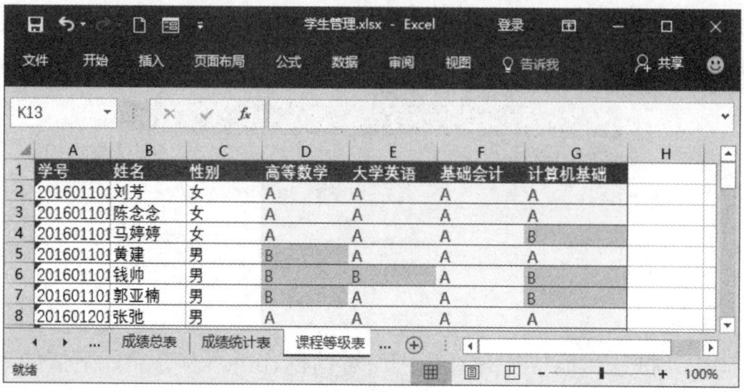

图 4-121　"A 级 B 级条件格式"结果

7. 利用条件格式设置"成绩总表"工作表的格式

利用条件格式设置成绩总表格式

打开"成绩总表"工作表，复制工作表，重命名为"成绩表"，利用条件格式将获得一等奖的女学生以浅红色背景显示，操作步骤如下。

（1）打开"成绩总表"工作表，将鼠标指针指向工作表标签并右击，在弹出的快捷菜单中选择"移动或复制"命令，打开"移动或复制工作表"对话框，在"下列选定工作表之前"列表框中选择"成绩统计表"选项，勾选"建立副本"复选框，如图 4-122 所示。

图 4-122　"移动或复制工作表"对话框

（2）单击"确定"按钮，复制"成绩总表"工作表，将工作表重命名为"成绩表"。

（3）在"成绩表"中，选中 A3:K46 单元格区域，在"开始"选项卡的"样式"组中，单击"条件格式"按钮，在弹出的下拉列表中选择"突出显示单元格规则"→"其他规则"选项，打开"新建格式规则"对话框。

（4）在"选择规则类型"列表框中选择"使用公式确定要设置格式的单元格"选项，在"为符合此公式的值设置格式"文本框中输入"=AND($C3="女",$K3="一等奖")"。

（5）单击"格式"按钮，打开"设置单元格格式"对话框，在"填充"选项卡中单击"其他颜色"按钮，打开"颜色"对话框，选择"浅红色"，连续单击两次"确定"按钮，返回"新建格式规则"对话框，如图 4-123 所示。

图 4-123　"新建格式规则"对话框

（6）单击"确定"按钮，结果如图 4-124 所示。

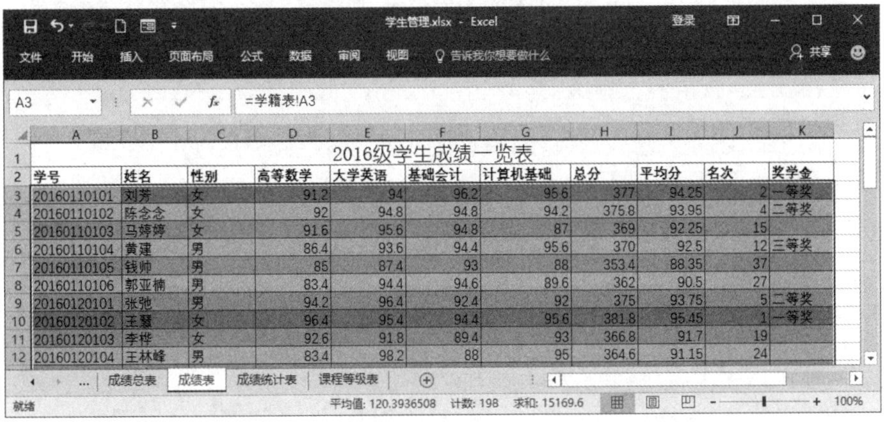

图 4-124　获得一等奖的女同学

在"成绩表"工作表中，利用条件格式的图标集将前 10 名用 ✅ 表示，后 10 名用 ❌ 表示，其余名次用 ⚪ 表示，操作步骤如下。

（1）打开"成绩表"工作表，选中 J3:J46 单元格区域，在"开始"选项卡的"样式"组中，单击"条件格式"按钮，在弹出的下拉列表中选择"图标集"→"标记"选项组的第 1 组。

（2）再次单击"条件格式"按钮，在弹出的下拉列表中选择"管理规则"选项，打开"条件格式规则管理器"对话框，单击"编辑规则"按钮，打开"编辑格式规则"对话框。

（3）在"根据以下规则显示各个图标"选项组中，先在"类型"下拉列表中选择"数字"选项，在"图标"下拉列表中依次选择 ❌、⚪、✅，在"值"文本框中依次输入"36""10"，

如图 4-125 所示。

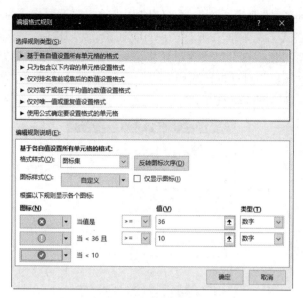

图 4-125 “编辑格式规则”对话框

（4）单击“确定”按钮，返回“条件格式规则管理器”对话框，单击“确定”按钮，结果如图 4-126 所示。

学号	姓名	性别	高等数学	大学英语	基础会计	计算机基础	总分	平均分	名次	奖学金
20160110101	刘芳	女	91.2	94	96.2	95.6	377	94.25	2	一等奖
20160110102	陈念念	女	92	94.8	94.8	94.2	375.8	93.95	4	二等奖
20160110103	马婷婷	女	91.6	95.6	94.8	87	369	92.25	15	
20160110104	黄建	男	86.4	93.6	94.4	95.6	370	92.5	12	三等奖
20160110105	钱帅	男	85	87.4	93	88	353.4	88.35	37	
20160110106	郭亚楠	男	83.4	94.4	94.6	89.6	362	90.5	27	
20160120101	张弛	男	94.2	96.4	92.4	92	375	93.75	5	二等奖
20160120102	王燚	女	96.4	95.4	94.4	95.6	381.8	95.45	1	一等奖
20160120103	李桦	女	92.6	91.8	89.4	93	366.8	91.7	19	
20160120104	王林峰	男	83.4	98.2	88	95	364.6	91.15	24	
20160120105	吴晓天	男	88.8	93.6	85.6	94.8	362.8	90.7	25	
20160120106	徐金凤	女	89.4	93.4	87.2	88	358	89.5	31	
20160120107	张宇	男	79.2	89.4	92.2	87	347.8	86.95	41	
20160120108	刘梦迪	男	91.4	84.2	91.6	93.8	361	90.25	29	

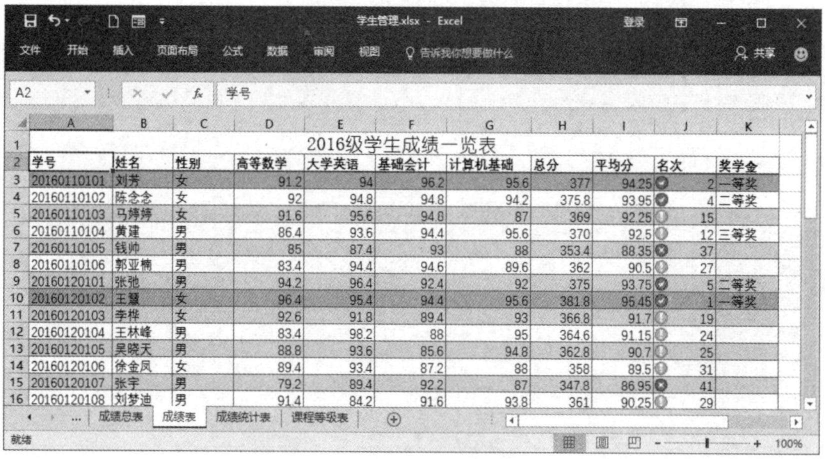

图 4-126 图标集结果

8．利用图表分析成绩统计表数据

利用图表分析成绩统计表数据

在“成绩统计表”工作表中，根据年级平均分、最高分和最低分制作图表。要求图表类型为“簇状柱形图”，图表布局为“布局 9”，图表样式为“样式 14”，操作步骤如下。

（1）打开“成绩统计表”工作表，选中 A2:E5 单元格区域，在“插入”选项卡的“图表”组中，单击“推荐的图表”按钮，打开“插入图表”对话框，选择“簇状柱形图”选项，单击“确定”按钮，得到如图 4-127 所示的图表。

（2）在"图表工具/设计"选项卡的"图表布局"组中，单击"快速布局"按钮，弹出下拉列表，选择"布局 9"选项。

（3）在"图表样式"组中单击列表框右侧的"其他"按钮，展开"图表样式"列表，选择"样式 14"选项，如图 4-128 所示。

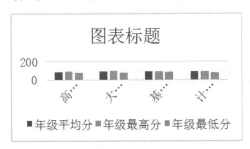

图 4-127　生成的图表

图 4-128　布局样式效果

（4）单击"图表标题"文本，输入"课程成绩分析"，分别单击横、纵"坐标轴标题"，依次输入"科目""成绩"，如图 4-129 所示。

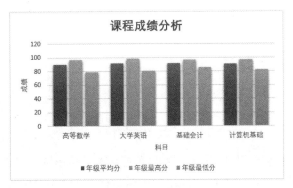

图 4-129　添加标题效果

在"成绩统计表"工作表中，为图表添加"模拟运算表"，并将"图例"的位置移至图表顶部，操作步骤如下。

（1）单击图表，在"图表工具/设计"选项卡的"图表布局"组中，单击"添加图表元素"按钮，在弹出的下拉列表中选择"数据表"→"其他模拟运算表"选项，在图表下方添加模拟运算表，如图 4-130 所示。

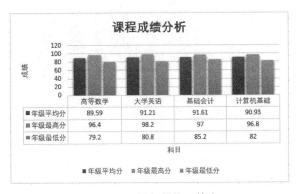

图 4-130　添加模拟运算表

（2）单击图表，在"图表工具/设计"选项卡的"图表布局"组中，单击"添加图表元素"按钮，在弹出的下拉列表中选择"图例"→"顶部"选项，将"图例"移至图表顶部。

在"成绩统计表"工作表中，将图表类型改为"簇状圆柱图"，将图表移至新工作表中，将工作表命名为"成绩统计图"，操作步骤如下。

（1）单击图表，在"图表工具/设计"选项卡的"类型"组中，单击"更改图表类型"按钮 ，在打开的"更改图表类型"对话框中选择"三维簇状柱形图"选项，如图 4-131 所示。

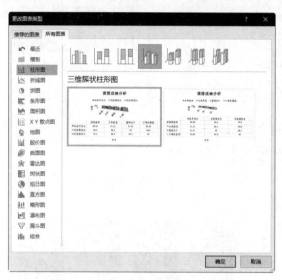

图 4-131 "更改图表类型"对话框

（2）单击"确定"按钮，将图表类型改为"三维簇状柱形图"，选择图表，在"开始"选项卡的"剪贴板"组中，单击"剪切"按钮，在标签行单击"新工作表"按钮新建工作表。

（3）在新工作表中，在"开始"选项卡的"剪贴板"组中，单击"粘贴"按钮，将图表移至新工作表中，双击新工作表标签使其反白显示，输入工作表名"成绩统计图"，如图 4-132 所示。

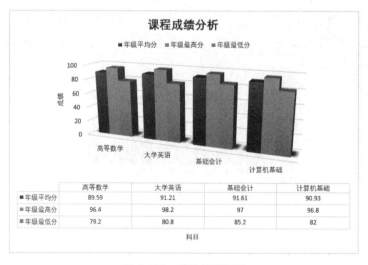

图 4-132 修改后的图表

在"成绩统计图"工作表中，调整图表三维视图的角度，修改图例颜色，使纵坐标轴标题横向显示，操作步骤如下。

（1）选择图表并右击，在弹出的快捷菜单中选择"三维旋转"命令，打开"设置图表区格式"窗格，在"三维旋转"选项组中勾选"直角坐标轴"复选框，如图 4-133 所示。

（2）选择图表，在"图表工具/设计"选项卡的"图表样式"组中，单击"更改颜色"按钮，在弹出的下拉列表中选择"彩色调色板 3"选项。

（3）单击纵坐标轴标题"成绩"，在"图表工具/格式"选项卡的"当前所选内容"组中，单击"设置所选内容格式"按钮，打开"设置坐标轴标题格式"窗格，设置文字方向为"横排"，效果如图 4-134 所示。

图 4-133　"设置图表区格式"窗格

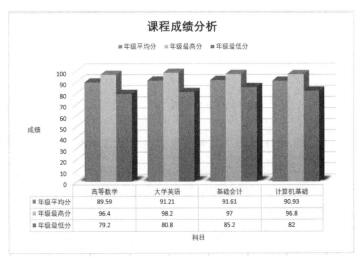

图 4-134　图表视图角度及颜色、坐标轴标题效果

在"成绩统计图"工作表中，设置图表区、背景墙的填充效果，修饰图表标题，操作步骤如下。

（1）选择图表，在"图表工具/格式"选项卡的"当前所选内容"组中，设置"图表元素"为"图表区"，单击"设置所选内容格式"按钮，打开"设置图表区格式"窗格。

（2）在"填充"选项组中，选中"渐变填充"单选按钮，"预设渐变"为"顶部聚光灯-个性色 1"，"类型"为"射线"，"方向"为"从左下角"，在"边框"选项组中，选中"实线"单选按钮，设置颜色为"蓝色"。

（3）设置"图表元素"为"背景墙"，单击"设置所选内容格式"按钮，打开"设置背景墙格式"窗格。

（4）在"填充"选项组中，选中"图片或纹理填充"单选按钮，"纹理"为"纸袋"，在"边框"选项组中设置"黄色"的"实线"。

（5）选择图表标题"课程成绩分析"，在"开始"选项卡的"字体"选项组中，设置字体为"隶书"，大小为"28 磅"。

（6）单击图表标题，在"图表工具/格式"选项卡的"艺术字样式"组中，单击"其他"按钮，在弹出的下拉列表中选择"填充白色，边框橙色"选项，如图4-135所示。

（7）依次单击坐标轴标题及模拟运算表，单击"文本填充"下拉按钮，设置填充色为"黑色"，效果如图4-136所示。

图4-135 "艺术字样式"下拉列表

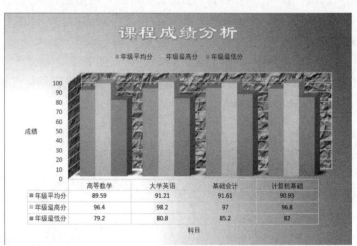

图4-136 格式化图表效果

在"成绩统计图"工作表中，为图表添加数据标签，操作步骤如下。

（1）选择图表，在"图表工具/设计"选项卡的"图表布局"组中，单击"添加图表元素"按钮，在弹出的下拉列表中选择"数据标签"→"其他数据标签选项"选项，打开"设置数据标签格式"窗格。

（2）勾选"值"复选框，在"开始"选项卡的"字体"组中设置标签为白色11磅，此时数据标签将显示在图表的数据系列中，如图4-137所示。

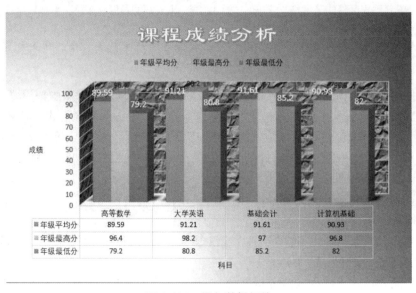

图4-137 添加数据标签

项目 5
管理成绩总表

 项目描述

　　教务处想对不同专业的学生成绩进行管理和分析，需要统计不同专业的人数及平均成绩，而学生处也想对不同辅导员管理的学生进行管理，需要统计不同辅导员管理的学生人数和平均成绩，并由数据透视图或数据透视表来展示。

项目分析

　　首先复制"成绩总表"工作表，重命名为"各专业成绩表"，将"各专业成绩表"工作表的"名次"和"奖学金"列删除，添加"所学专业"和"辅导员"列，并利用 VLOOKUP 函数获得该列的内容，利用 SUMIF 及 SUMIFS 函数计算不同专业各门课程的总分或不同专业、不同辅导员管理的学生的各门课程的总分，利用数据透视表统计不同专业的人数和平均成绩及不同辅导员管理的学生人数和平均成绩。

 相关知识

1．常用函数

1）VLOOKUP( )

　　格式：VLOOKUP(查找目标,查找区域,相对列数,TRUE 或 FALSE)。

　　在指定查找区域内查找指定的值并返回当前行中指定列处的数值。VLOOKUP 函数是常用的函数之一，它可以：指定位置查找和引用数据；表和表的核对；利用模糊运算进行区间查询。

　　例如，输入"=VLOOKUP(B2,\$D\$2:\$F\$9,2,0)"，结果为在 D2:F9 单元格区域范围内精确查找与 B2 值相同的在第 2 列的数值。

2）SUMIF( )

　　格式：SUMIF(单元格区域 1,条件,单元格区域 2)。

　　对于单元格区域 1 范围内的单元格进行条件判断，将满足条件的对应单元格区域 2 中的单元格求和。

　　例如，输入"=SUMIF(C3:C9,211,F3:F9)"，其结果是将 F3:F9 范围内值在 C3:C9 中为 211 的所有单元格求和。

 专家点睛

SUMIF 函数常用于进行分类汇总。

3) SUMIFS( )

格式：SUMIFS(单元格区域 1,条件 1,单元格区域 2,…)。

对于单元格区域 1 范围内的单元格进行条件判断，将满足条件 1 的对应单元格区域 2 同时满足条件 2 的对应单元格区域 4 和……中的单元格的值求和。

例如，输入"=SUMIF(C3:C9,985,F3:F9,211,K3:K9)"，其结果是将 C3:C9 单元格区域中值为 985 的对应在 F3:F9 单元格区域中，以及值为 211 的对应在 K3:K9 单元格区域中的同行单元格的值相加。

 专家点睛

SUMIFS()常用于多个条件的分类汇总。

2．名称的定义

在工作表中，可以使用"列标"和"行号"引用单元格，也可以用"名称"来表示单元格或单元格区域。使用名称可以使用公式更容易理解和维护，使更新、审核和管理这些名称更方便。

3．数据透视表及切片器

数据透视表是一种交互式工作表，用于对现有数据列表进行汇总和分析。创建数据透视表后，可以按照不同的需要，依据不同的关系来提取和组织数据。

1）创建数据透视表

数据透视表的创建是以工作表中的数据为依据的，在工作表中创建数据透视表的方法与前面创建图表的方法类似。

首先，单击工作表中的任一单元格，在"插入"选项卡的"表格"组中，单击"数据透视表"按钮，打开"创建数据透视表"对话框，在"请选择要分析的数据"选项组中选中"选择一个表或区域"单选按钮，单击"表/区域"文本框右侧的"折叠"按钮，拖动鼠标选择表格中的数据区域，单击文本框右侧的"展开"按钮，返回"创建数据透视表"对话框，在"选择放置数据透视表的位置"选项组中选中"现有工作表"单选按钮，用相同的方法在"位置"文本框中设置区域，单击"确定"按钮即可完成数据透视表的创建。

2）设置数据透视表字段

新创建的数据透视表是空白的，若要生成报表就需要在"数据透视表字段列表"窗格中，根据需要将工作表中的数据添加到报表字段中。在 Excel 中除可以向报表中添加字段外，还可以对所添加的字段进行移动、设置和删除操作。

3）美化数据透视表

如果新建的数据透视表不美观，可以对数据透视表的行、列或整体进行美化设计，这样不仅使数据透视表美观，而且增强了数据的可读性。一般是在"数据透视表工具/设计"选项卡下进行设置。

4．数据透视图

数据透视图是以图表的形式表示数据透视表中数据的。与数据透视表一样，在数据透视图中可查看不同级别的明细数据，具有直观表现数据的优点。

1）创建数据透视图

数据透视图的创建方法与图表的创建方法类似。

2）设置数据透视图的格式

设置数据透视图的格式与美化图表的操作类似。首先选择需进行设置的图表元素，如图表区、绘图区、图例及坐标轴等，然后在"数据透视图工具"的"设计""布局""格式"选项卡下进行设置。

 项目实现

本项目将利用 Excel 2016 制作如图 4-138 所示的"各专业成绩表"工作表。

	A	B	C	D	E	F	G	H	I	J	K	L
1					2016级各专业学生成绩一览表							
2	学号	姓名	性别	高等数学	大学英语	基础会计	计算机基础	总分	平均分	所学专业	辅导员	
3	20160110101	刘芳	女	91.2	94	96.2	95.6	377	94.25	注册会计	蒋壮	
4	20160110102	陈念念	女	92	94.8	94.8	94.2	375.8	93.95	注册会计	蒋壮	
5	20160110103	马婷婷	女	91.6	95.6	94.8	87	369	92.25	注册会计	蒋壮	
6	20160110104	黄建	男	86.4	93.6	94.4	95.6	370	92.5	注册会计	蒋壮	
7	20160110105	钱帅	男	85	87.4	93	88	353.4	88.35	注册会计	蒋壮	
8	20160110106	郭亚楠	男	83.4	94.4	94.6	89.6	362	90.5	注册会计	蒋壮	
9	20160120101	张弛	男	94.2	96.4	92.4	92	375	93.75	信息会计	白起	
10	20160120102	王慧	女	96.4	95.4	94.4	95.6	381.8	95.45	信息会计	白起	
11	20160120103	李桦	女	92.6	91.8	89.4	93	366.8	91.7	信息会计	白起	
12	20160120104	王林峰	男	83.4	98.2	88	95	364.6	91.15	信息会计	白起	
13	20160120105	吴晓天	男	88.8	93.6	85.6	94.8	362.8	90.7	信息会计	白起	
14	20160120106	徐金凤	女	89.4	93.4	87.2	88	358	89.5	信息会计	白起	
15	20160120107	张宇	男	79.2	89.4	92.2	87	347.8	86.95	信息会计	白起	
16	20160120108	刘梦迪	男	91.4	84.2	91.6	93.8	361	90.25	信息会计	白起	

图 4-138   "各专业成绩表"工作表

（1）利用已有的"学籍表"工作表和"成绩总表"工作表通过 VLOOKUP 函数创建"各专业成绩表"工作表。

（2）利用 SUMIF 函数计算不同专业各门课程的总分。

（3）利用 SUMIFS 函数计算不同辅导员管理的不同专业的各门课程总分。

（4）利用分类汇总方法统计每个辅导员管理的学生人数。

（5）用两轴线图比较同一位辅导员所带不同专业的平均成绩。

（6）利用数据透视表分别统计不同专业的人数及平均成绩，以及不同辅导员管理的学生人数和平均成绩。

（7）利用数据透视图统计每个专业 4 门课程的平均分数。

1. 创建"各专业成绩表"工作表

创建各专业成绩表

打开"学生管理"工作簿，利用"学籍表"和"成绩总表"工作表，通过复制工作表和 VLOOKUP 函数生成"各专业成绩表"工作表，操作步骤如下。

（1）打开"学生管理"工作簿，选择"成绩总表"工作表标签并右击，在弹出的快捷菜单中选择"移动或复制"命令，打开"移动或复制工作表"对话框，在"下列选定工作表之前"列表框中选择"移至最后"选项，并勾选"建立副本"复选框，如图 4-139 所示。

图 4-139 "移动或复制工作表"对话框

（2）单击"确定"按钮，复制选定的工作表得到"成绩总表(2)"，将工作表改名为"各专业成绩表"。

（3）在"各专业成绩表"工作表中，修改标题为"2016 级各专业学生成绩一览表"，选中"名次"列和"奖学金"列，在"开始"选项卡的"编辑"组中单击"清除"按钮，在弹出的下拉列表中选择"清除内容"选项，将其中所有数据清除。

（4）选中 A47:J49 单元格区域，在"开始"选项卡的"单元格"组中，单击"删除"按钮，在弹出的下拉列表中选择"删除工作表行"选项，删除所选行。

（5）在 J2 和 K2 单元格中依次输入"所学专业"和"辅导员"。

（6）在"学籍表"工作表中，选中 A3:I46 单元格区域，在名称框中输入"CHAX"后，按"Enter"键，创建名为"CHAX"的数据区域。

（7）在"各专业成绩表"工作表中，单击 J3 单元格，在"公式"选项卡的"函数库"组中，单击"查找与引用"按钮，在弹出的下拉列表中选择"VLOOKUP"选项，打开"函数参数"对话框。

（8）由于是根据学号查找所学专业的，因此，在第 1 个参数处单击 A3 单元格输入"A3"；第 2 个参数用于确定查找区域，因此，在"公式"选项卡的"定义的名称"组中单击"用于公式"按钮，在弹出的下拉列表中选择"CHAX"选项；在第 3 个参数处输入返回值"所学专业"，在定义的查找区域"CHAX"中输入所在的列数，这里输入"5"；由于要求精确匹配查找，所以最后一个参数处必须输入"FALSE"，如图 4-140 所示。

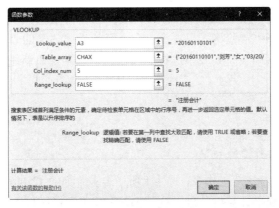

图 4-140　设置函数参数

（9）单击"确定"按钮，可以看到 J3 单元格显示查找到的专业是"注册会计"。

（10）用相同的方法，在 K3 单元格引用 VLOOKUP 函数在"CHAX"区域中查找对应学号的辅导员，其"函数参数"对话框如图 4-141 所示。

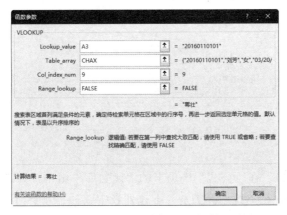

图 4-141　"函数参数"对话框

（11）选中 J3:K3 单元格区域，双击填充柄，复制公式，得到所有不同的专业和辅导员，这时的各专业成绩表如图 4-142 所示。

学号	姓名	性别	高等数学	大学英语	基础会计	计算机基础	总分	平均分	所学专业	辅导员
20160110101	刘芳	女	91.2	94	96.2	95.6	377	94.25	注册会计	蒋壮
20160110102	陈念念	女	92	94.8	94.8	94.2	375.8	93.95	注册会计	蒋壮
20160110103	马婷婷	女	91.6	95.6	94.8	87	369	92.25	注册会计	蒋壮
20160110104	黄建	男	86.4	93.6	94.4	95.6	370	92.5	注册会计	蒋壮
20160110105	钱帅	男	85	87.4	93	88	353.4	88.35	注册会计	蒋壮
20160110106	郭亚楠	男	83.4	94.4	94.6	89.6	362	90.5	注册会计	蒋壮
20160120101	张弛	男	94.2	96.4	92.4	92	375	93.75	信息会计	白起
20160120102	王慧	女	96.4	94	95.6	95.8	381.8	95.45	信息会计	白起

图 4-142　各专业成绩表

（12）选中 A2:K46 单元格区域，在"开始"选项卡的"编辑"组中，单击"清除"按钮，在弹出的下拉列表中选择"清除格式"选项，在"开始"选项卡的"样式"组中，单击"套用表格格式"按钮，在弹出的下拉列表中选择"浅橙色"选项，重新进行美化。

2．计算不同专业学生各门课程的总分

在"各专业成绩表"工作表中，利用 SUMIF 函数计算不同专业各门课程的总分，操作步骤如下。

计算不同专业学生各门课程的总分

（1）打开"各专业成绩表"工作表，选中"所学专业"列的 J2:J46 单元格区域，按住"Ctrl"键再选择"高等数学"到"计算机基础"列的 D2:G46 单元格区域，在"公式"选项卡的"定义的名称"组中，单击"根据所选内容创建"按钮，打开"以选定区域创建名称"对话框。

（2）勾选"首行"复选框，单击"确定"按钮，分别将"所学专业""高等数学""大学英语""基础会计""计算机基础"作为相应区域的名称。

（3）在"各专业成绩表"工作表右侧，创建如图 4-143 所示的"按专业统计"表格。

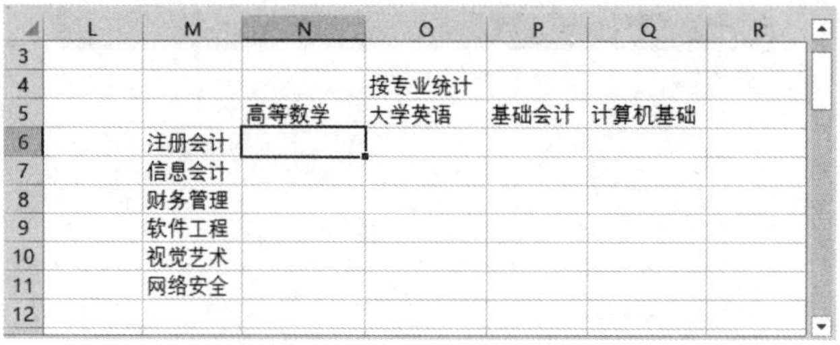

	L	M	N	O	P	Q	R
3							
4				按专业统计			
5			高等数学	大学英语	基础会计	计算机基础	
6		注册会计					
7		信息会计					
8		财务管理					
9		软件工程					
10		视觉艺术					
11		网络安全					
12							

图 4-143　"按专业统计"表格

（4）选中 N6 单元格，在"公式"选项卡的"函数库"组中，单击"插入函数"按钮，打开"插入函数"对话框，在"或选择类别"下拉列表中选择"数学与三角函数"选项，在"选择函数"列表框中选择"SUMIF"选项，如图 4-144 所示。

图 4-144　"插入函数"对话框

（5）单击"确定"按钮，打开"函数参数"对话框。在第 1 个参数处，在"公式"选项卡的"定义名称"组中，单击"用于公式"按钮，在弹出的下拉列表中选择"所学专业"选项。在第 2 个参数处，单击 J3 单元格，最后参数选择"高等数学"，如图 4-145 所示。

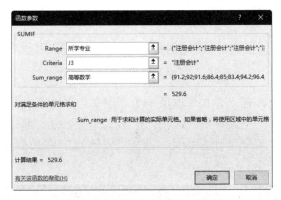

图 4-145　"函数参数"对话框

（6）单击"确定"按钮，得到"注册会计"专业"高等数学"的总分。用同样的方法求得其他专业 4 门课程的总分，结果如图 4-146 所示。

	高等数学	大学英语	基础会计	计算机基础
		按专业统计		
注册会计	529.6	559.8	567.8	550
信息会计	1073.8	1106.6	1083	1107
财务管理	270.8	264	268.2	272
软件工程	536.6	554.2	559	549.8
视觉艺术	537.4	546.2	551	540
网络安全	993.8	982.6	1001.8	982.2

图 4-146　按专业统计各门课程总分

3．计算不同辅导员管理的不同专业的学生各门课程总分

在"各专业成绩表"工作表中，利用 SUMIFS 函数计算不同辅导员所带不同专业 4 门课程的总分，操作步骤如下。

计算不同辅导员管理的不同
专业的学生各门课程总分

（1）打开"各专业成绩表"工作表，选中"所学专业"列和"辅导员"列的 J2:K46 单元格区域，按住"Ctrl"键再选择"高等数学"到"计算机基础"列的 D2:G46 单元格区域，在"公式"选项卡的"定义的名称"组中，单击"根据所选内容创建"按钮，打开"以选定区域创建名称"对话框。

（2）勾选"首行"复选框，单击"确定"按钮，分别将"所学专业""辅导员""高等数学""大学英语""基础会计""计算机基础"作为相应区域的名称。

（3）在"各专业成绩表"工作表右侧，创建如图 4-147 所示的"按专业和辅导员统计"表格。

（4）选中 O22 单元格，在"公式"选项卡的"函数库"组中，单击"数学与三角函数"按钮 ，在弹出的下拉列表中选择"SUMIFS"选项，打开"函数参数"对话框。

图 4-147　"按专业和辅导员统计"表格

（5）在第 1 个参数处，在"公式"选项卡的"定义名称"组中，单击"用于公式"按钮，在弹出的下拉列表中选择"高等数学"选项；在第 2 个参数处，选择"所学专业"；在第 3 个参数处，单击 J3 单元格；在第 4 个参数处，选择"辅导员"；在最后的参数处单击 K3 单元格，如图 4-148 所示。

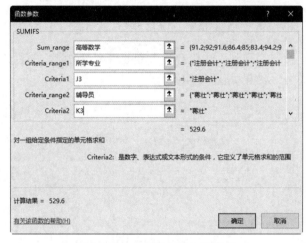

图 4-148　"函数参数"对话框

专家点晴

SUMIFS()和 SUMIF()的参数顺序有所不同，具体而言，Sum_range 参数在 SUMIFS()中是第 1 个参数，而在 SUMIF()中则是第 3 个参数。

（6）单击"确定"按钮，得到"蒋壮"老师管理的"注册会计"专业"高等数学"的总分。用同样的方法求得其他辅导员管理的其他专业 4 门课程的总分，结果如图 4-149 所示。

图 4-149　按专业和辅导员统计各门课程总分

4. 利用分类汇总方法统计每个辅导员管理的学生人数

在"各专业成绩表"工作表中，利用分类汇总方法统计每个辅导员所管理的学生人数，操作步骤如下。

利用分类汇总方法统计每个
辅导员管理的学生人数

（1）打开"各专业成绩表"工作表，选中 A1:K46 单元格区域，按"Ctrl+C"组合键复制区域内容，新建工作表，按"Ctrl+V"组合键粘贴所选内容，将工作表改名为"分类统计各辅导员"。

（2）单击"分类统计各辅导员"工作表"辅导员"列的任一单元格，在"数据"选项卡的"排序与筛选"组中，单击"升序"按钮，将工作表记录按"辅导员"升序排序。

（3）单击工作表的任一单元格，在"数据"选项卡的"分级显示"组中，单击"分类汇总"按钮 ，打开"分类汇总"对话框。

（4）在"分类字段"下拉列表中选择"辅导员"选项，在"汇总方式"下拉列表中选择"计数"选项，在"选定汇总项"列表框中勾选"学号"复选框，如图 4-150 所示。

（5）单击"确定"按钮，得到每个辅导员所管理的学生人数，单击分级显示符号 ，隐藏分类汇总表中的明细数据行，如图 4-151 所示。

图 4-150　"分类汇总"对话框

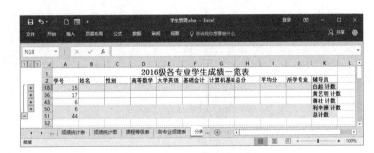

图 4-151　分类汇总结果

在"分类汇总各辅导员"工作表中，用嵌套分类汇总方法统计每个专业的辅导员所管理的班级学生人数，操作步骤如下。

（1）单击分级显示符号 ，展开数据区，单击"分类汇总各辅导员"工作表数据区中任一单元格。

（2）在"数据"选项卡的"排序与筛选"组中，单击"排序"按钮，打开"排序"对话框。

（3）在"主要关键字"下拉列表中选择"辅导员"选项，单击"添加条件"按钮，在"次要关键字"下拉列表中选择"所学专业"选项，如图 4-152 所示。

（4）单击"确定"按钮，在"数据"选项卡的"分级显示"组中单击"分类汇总"按钮，打开"分类汇总"对话框。

（5）在"分类字段"下拉列表中选择"所学专业"选项，在"汇总方式"下拉列表中选择"计数"选项，在"选定汇总项"列表框中依次勾选"学号""所学专业""辅导员"复选框，如图 4-153 所示。

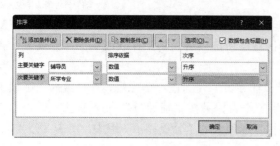 

图 4-152 "排序"对话框   图 4-153 "分类汇总"对话框

（6）单击"确定"按钮，得到每个专业、每个辅导员管理的学生人数，如图 4-154 所示。

图 4-154 按专业、辅导员分类汇总结果

在"分类汇总各辅导员"工作表中，用嵌套分类汇总方法统计每个辅导员所负责专业的平均总分，操作步骤如下。

（1）单击"分类汇总各辅导员"工作表数据区中任一单元格。

（2）在"数据"选项卡的"排序与筛选"组中单击"排序"按钮，打开"排序"对话框。

（3）在"主要关键字"下拉列表中选择"辅导员"选项，单击"添加条件"按钮，在"次要关键字"下拉列表中选择"所学专业"选项。

（4）单击"确定"按钮，在"数据"选项卡的"分级显示"组中，单击"分类汇总"按钮，打开"分类汇总"对话框。

（5）在"分类字段"下拉列表中选择"所学专业"选项，在"汇总方式"下拉列表中选择"平均值"选项，在"选定汇总项"列表框中依次勾选"总分""所学专业""辅导员"复选框。

（6）单击"确定"按钮，得到每个辅导员所负责专业的平均总分，如图 4-155 所示。

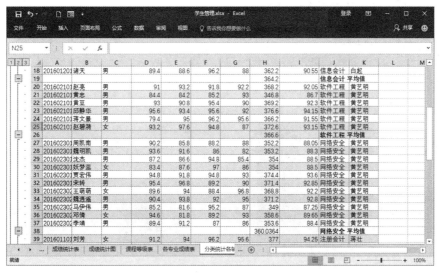

图 4-155　按专业、辅导员分类汇总总分平均值

5. 统计同一位辅导员所带不同专业的平均成绩

在"**分类统计各辅导员**"工作表中，选择"**黄艺明**"老师所负责的两个专业的平均成绩制作"**簇状柱形图**"图表，操作步骤如下。

用数据透视表比较同一位辅导员
所带不同专业的平均成绩

（1）选中"各专业成绩表"工作表的 H2 单元格，按"Ctrl"键依次选择 J2、H26、J26、H38、J38 单元格，复制其中的数据至空白单元格中，如图 4-156 所示。

图 4-156　复制数据至空白单元格

（2）在"插入"选项卡的"图表"组中，单击"插入柱形图或条形图"按钮，在弹出的下拉列表中选择"簇状柱形图"选项，插入如图 4-157 所示的图表。

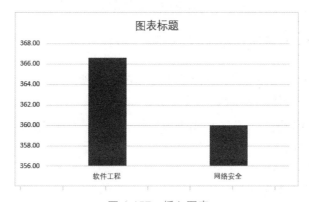

图 4-157　插入图表

（3）单击图表，在"图表工具/设计"选项卡的"图表布局"组中，单击"添加图表元素"按钮，添加图表标题及图例，在"图表工具/设计"选项卡的"图表布局"组中，单击"添加图表元素"按钮，添加指数趋势线，如图4-158所示。

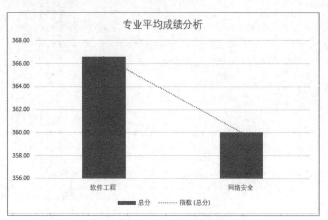

图4-158　添加指数趋势线

（4）更改趋势线颜色和线型。单击添加的指数趋势线，在"图表工具/格式"选项卡的"形状样式"组中，单击"形状轮廓"按钮 ✐，在弹出的下拉列表中选择"红色""粗细1磅""实线""箭头样式5"等选项，效果如图4-159所示。

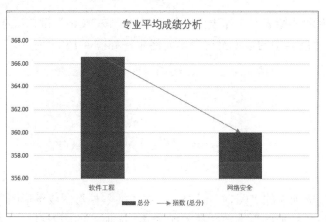

图4-159　更改趋势线

6. 用数据透视表统计不同专业的人数及平均成绩

用数据透视表统计不同专业的人数及平均成绩

在"各专业成绩表"工作表中，用数据透视表统计不同专业的人数和平均成绩，操作步骤如下。

（1）在"各专业成绩表"工作表中单击数据区的任意一个单元格。

（2）在"插入"选项卡的"表格"组中，单击"数据透视表"按钮，打开"创建数据透视表"对话框。

（3）系统会自动选择数据区，在"选择放置数据透视表的位置"选项组中选中"新工作表"单选按钮，如图4-160所示。

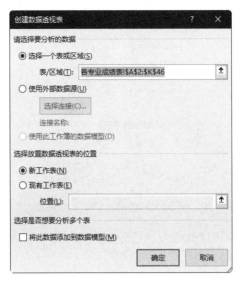

图 4-160　"创建数据透视表"对话框

（4）单击"确定"按钮，创建数据透视表 Sheet1。

（5）添加字段。在"数据透视表字段列表"窗格中的"选择要添加到报表的字段"列表框中，勾选对应字段的复选框，即可在左侧的数据透视表区域显示出相应的数据信息，而且这些字段被存放在窗格的相应区域。这里勾选"总分""平均分""所学专业"3 个字段的复选框，如图 4-161 所示。

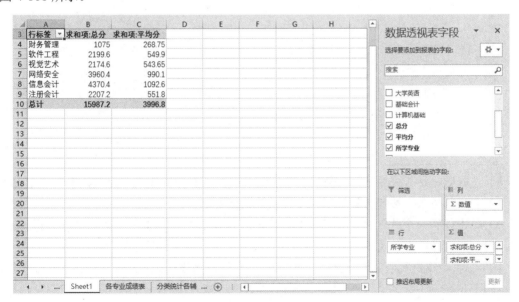

图 4-161　添加字段

（6）单击"值"选项组中"总分"字段的 ▼ 按钮，在弹出的下拉列表中选择"值字段设置"选项，打开"值字段设置"对话框，在"计算类型"列表框中选择"平均值"选项，如图 4-162所示。

图 4-162　"值字段设置"对话框

（7）单击"确定"按钮，计算同专业"总分"的"平均分"，用同样的方法计算同专业"平均分"的"计数"，如图 4-163 所示。

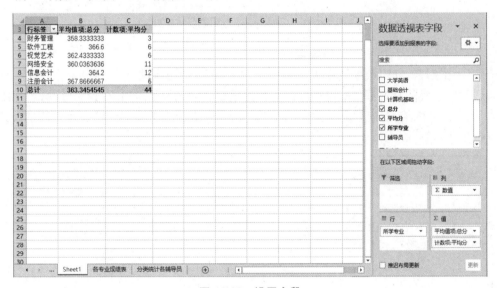

图 4-163　设置字段

（8）选择数据透视表中的 B2:B10 单元格区域，在"开始"选项卡的"数字"组中，连续单击"减少小数位数"按钮，让数据保留小数点后两位。

（9）单击任意一个单元格，在"数据透视表工具/设计"选项卡的"数据透视表样式选项"组中，勾选"镶边行"复选框。

（10）在"数据透视表工具/设计"选项卡的"数据透视表样式"组中，单击"其他"按钮，在弹出的下拉列表中选择"深色"选项组中的"数据透视表样式深色 3"选项，应用所选样式，如图 4-164 所示。

在"各专业成绩表"工作表中，用数据透视表统计不同辅导员管理的学生人数和平均成绩，操作步骤如下。

（1）在"各专业成绩表"工作表中单击数据区的任意一个单元格。

（2）在"插入"选项卡的"表格"组中，单击"数据透视表"按钮，打开"创建数据透视表"对话框。

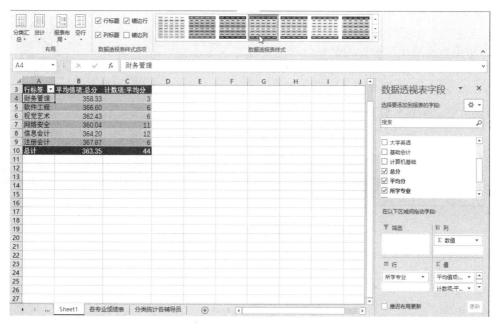

图 4-164　选择透视表应用样式

（3）系统会自动选择数据区，在"选择放置数据透视表的位置"选项组中选中"现有工作表"单选按钮，在"位置"处单击 A49 单元格，单击"确定"按钮，在原工作表底部创建数据透视表。

（4）在"数据透视表字段列表"窗格中的"选择要添加到报表的字段"列表框中，拖动"辅导员""总分""平均分"字段至窗格的相应区域。

（5）单击"值"选项组中"总分"字段的 ▼ 按钮，在弹出的下拉中选择"值字段设置"选项，打开"值字段设置"对话框，在"计算类型"列表框中选择"计数"选项，用同样的方法设置"平均分"的计算类型为"平均值"，如图 4-165 所示。

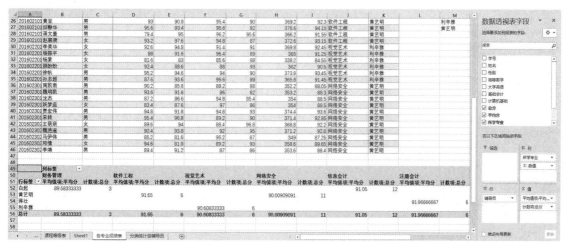

图 4-165　设置字段效果

（6）选中数据透视表中的 B52:O56 单元格区域，在"开始"选项卡的"数字"组中，连续单击"减少小数位数"按钮，让数据保留小数点后两位。

7．利用数据透视图统计每个专业 4 门课程的平均分

利用数据透视图统计每个专业 4 门课程的平均分

在"各专业成绩表"工作表中，利用数据透视图统计不同专业 4 门课程的平均分，操作步骤如下。

（1）在"各专业成绩表"工作表中单击数据区的任意一个单元格。

（2）在"插入"选项卡的"图表"组中，单击"数据透视图"按钮，弹出"创建数据透视图"对话框，选择要分析的数据区域 $A$2:$K$46 和放置数据透视图的位置 $A$60，如图 4-166 所示。

图 4-166　"创建数据透视图"对话框

（3）单击"确定"按钮，生成数据透视图，如图 4-167 所示。

图 4-167　新建的数据透视图

（4）在"数据透视表字段"窗格的"选择要添加到报表的字段"列表框中勾选相应复选框，

此时，数据透视图表中将显示所选数据信息，如图 4-168 所示。

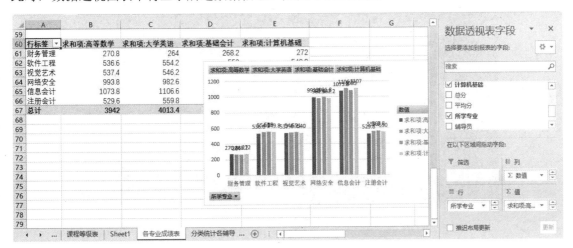

图 4-168　创建的数据透视表及数据透视图

（5）在"值"选项组中设置所有字段的"计算类型"为"平均值"。

（6）单击数据透视图，在"数据透视图工具/设计"选项卡的"图表布局"组，单击"添加图表元素"按钮，在弹出的下拉列表中选择"数据标签"→"无"选项，取消数据标签。

（7）在"数据透视图工具/格式"选项卡的"形状样式"组中，选择"形状样式"列表框中的"强烈效果_灰色，强调颜色 3"选项，为图表区域应用该样式，如图 4-169 所示。

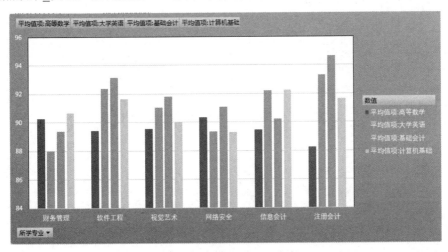

图 4-169　设置图表区样式

（8）选择数据透视图中的图例，在"数据透视图工具/格式"选项卡的"艺术字样式"组中，选择"艺术字样式"列表框中的"填充：黑色，文本色 1：阴影"选项，为图例应用该样式。

（9）选择数据透视图中的绘图区，在"数据透视图工具/格式"选项卡的"形状样式"组中，单击"形状填充"按钮，在弹出的下拉列表中选择的"纹理"→"绿色大理石"选项，效果如图 4-170 所示。

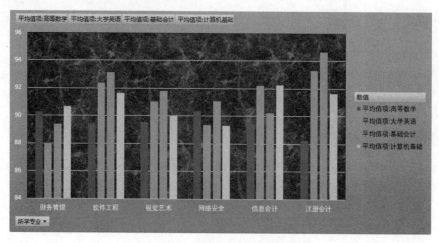

图 4-170　数据透视图美化效果

本单元共完成 5 个项目，学完后应该有以下收获。

- 掌握 Excel 2016 的启动和退出。
- 熟悉 Excel 2016 的工作界面。
- 掌握工作簿的基本操作。
- 掌握工作表的基本操作。
- 掌握工作表的输出。
- 了解单元格中数据的输入。
- 掌握单元格的基本操作。
- 掌握单元格中数据的编辑。
- 掌握单元格格式的设置。
- 掌握公式的构成及使用。
- 掌握函数的分类及引用。
- 掌握常用函数的格式、功能及应用。
- 掌握数据的排序、筛选及分类汇总。
- 掌握使用图表、透视表、透视图进行数据分析。

一、单选题

1. Excel 工作簿的默认名称是_____。

A．Sheet1　　　　　　　　　　B．Excel1

  C．Xlstart　　　　　　　　　　D．工作簿 1

2．在 Excel 工作簿中，默认包含的工作表个数是_____。

  A．1　　　　　B．2　　　　　C．3　　　　　D．4

3．在单元格中输入"2019 年 9 月 10 日"，然后选择该单元格，使用鼠标进行拖动，填充数据。那么填充的第一个数据是_____。

  A．2019 年 9 月 10 日　　　　　B．2019 年 9 月 11 日

  C．2019 年 8 月 10 日　　　　　D．2019 年 8 月 11 日

4．在单元格中输入"2/5"，按"Enter"键，该单元格将显示_____。

  A．2/5　　　　　　　　　　B．2 月 5 日

  C．0.4　　　　　　　　　　D．5 月 2 日

5．如果需要输入邮政编码"010105"，则可在单元格中输入_____。

  A．010105　　　　　　　　　B．'010105

  C．+010105　　　　　　　　　D．0 010105

6．在 Excel 中，在单元格中输入 19/3/10，则结果为_____。

  A．2019/3/10　　　　　　　　B．3-10-2019

  C．19-3-10　　　　　　　　　D．2019 年 3 月 10 日

7．要向 A1 单元格中输入字符串时，其长度超过 A1 单元格的显示长度，若 B1 单元格是空的，则字符串的超出部分将_____。

  A．被删除　　　　　　　　　B．作为另一个字符串被存入 B1 中

  C．显示####　　　　　　　　D．连续超格显示

8．在工作表的编辑过程中，"格式刷"按钮的功能是_____。

  A．复制输入的文字　　　　　B．复制输入单元格的格式

  C．重复打开文件　　　　　　D．删除

9．Excel 中录入数字时，若在数据前加单引号"'"，则单元格中表示的数据类型是_____。

  A．字符类　　　　B．数值　　　　C．日期　　　　D．时间

10．在 Excel 工作表中，如果没有预先设定整个工作表的对齐方式，则系统默认数值的对齐方式为_____。

  A．右对齐　　　　B．居中对齐　　　　C．左对齐　　　　D．视具体情况而定

11．在 Excel 工作表中，如果对数值型数据预置小数位数为 2，那么键入 56789 时，显示结果是_____。

  A．0056789　　　　B．567.89　　　　C．56789.00　　　　D．56789

12．_____不属于 Excel 的视图方式。

  A．分页预览　　　　B．普通　　　　C．页面　　　　D．全屏显示

13．在 Excel 中，下列引用地址为绝对引用地址的是_____。

  A．$D5　　　　B．E$6　　　　C．F8　　　　D．$G$9

14．在 D1 单元格中有公式"=A1+$C1"，将 D1 中的公式复制到 E4 单元格中，则 E4 单元格中的公式为_____。

A．=A4+$C4   B．=B4+$D4

C．=B4+$C4   D．=A4+C4

15．=SUM(D3,F5,C2:G2,E3)表达式的数学意义是_____。

  A．=D3+F5+C2+D2+E2+F2+G2+E3

  B．=D3+F5+C2+G2+E3

  C．=D3+F5+C2+E3

  D．=D3+F5+G2+E3

16．在 Excel 窗口的不同位置，_____可以引出不同的快捷菜单。

  A．右击   B．单击

  C．双击鼠标右键   D．双击

17．在选定单元格的操作中先选定 A2，按住"Shift"键，然后单击 C5 单元格，这时选定的单元格区域是_____。

  A．A2:C5   B．A1:C5   C．B1:C5   D．B2:C5

18．执行一次排序时，最多能设_____个关键字段。

  A．1   B．2   C．3   D．任意多个

19．在 Excel 工作表中，公式的定义必须以_____符号开头。

  A．"   B．=   C．:   D．*

20．在工作表中创建图表，需要使用"_____"选项卡。

  A．开始   B．插入   C．数据   D．视图

二、实操题

1．根据不同类型数据的输入方法，完成如图 4-171 所示的"职工信息"工作表的创建。

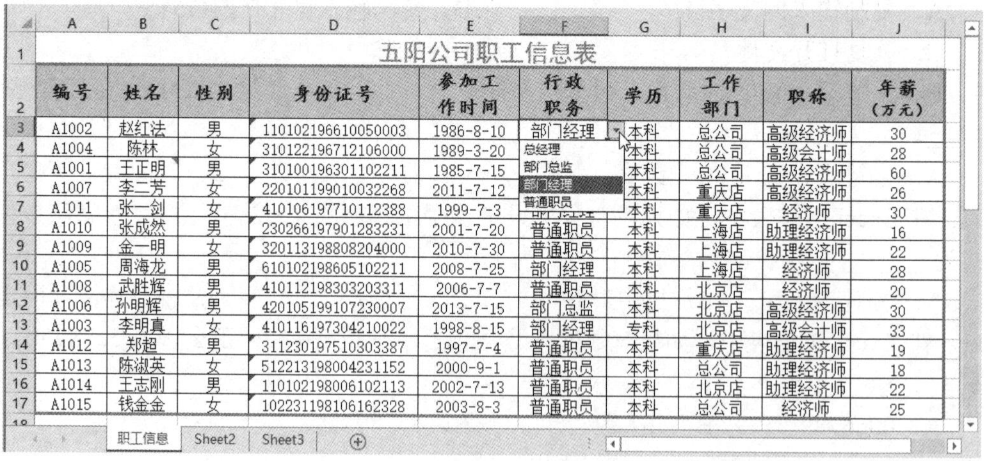

图 4-171　五阳公司职工信息表

（1）要求标题黑体 16 磅红色，合并单元格居中，表头楷体 11 磅，橙色填充居中，表内数据宋体 11 磅居中。

（2）设置职工信息表外边框绿色实线 2 磅，内侧黑实线 0.5 磅。

（3）给工作表插入背景图片。

（4）利用条件格式将"年薪"低于 20 万元的用绿色填充，而超过 30 万元的用红色填充。

（5）对职工信息表中的"年薪"项按由高到低的顺序进行排序。

（6）先按照"工作部门"的降序，再按照"行政职务"的降序，最后按照"职称"的升序进行排序，查看不同部门职工的职务及职称情况。

（7）在职工信息表中，筛选出在"总公司"工作的职工。

（8）在职工信息表中，筛选出年薪在 20 万~30 万元的所有职工。

（9）在职工信息表中筛选出年薪在 30 万元（含 30 万元）以上的部门经理和年薪在 20 万元以下的普通职员。

2．完成如图 4-172 所示的"工资表"工作表的制作，使用公式和函数进行运算。

	A	B	C	D	E	F	G	H	I	J	K	L
1	五阳公司职工工资表											
2	编号	姓名	性别	基本工资	职务津贴	文明奖	住房补贴	应发小计	失业金	医保金	公积金	实发工资
3	1	王正明	男	2763.30	1000.00	200.00	300.00		27.63	82.90	138.17	
4	3	金一明	男	2541.10	800.00	200.00	280.00		25.41	76.23	127.06	
5	4	陈林	男	2556.50	800.00	200.00	280.00		25.57	76.70	127.83	
6	5	李二芳	男	2206.70	600.00	200.00	250.00		22.07	66.20	110.34	
7	2	陈淑英	女	2730.30	1200.00	200.00	300.00		27.30	81.91	136.52	
8	6	钱金金	女	2178.00	500.00	200.00	200.00		21.78	65.34	108.90	
9	7	李明真	女	2149.50	500.00	200.00	200.00		21.50	64.49	107.48	
10	最高工资											
11	最低工资											
12	平均工资											

… | 职工工资 | 工资表 | Sheet2 | Sheet3 | Sheet4 | ⊕

图 4-172　五阳公司职工工资表

（1）标题宋体 16 磅合并后居中，其他宋体 9 磅居中，绿色外边框 3 磅实线，内线为细实线 0.5 磅。

（2）利用公式和函数计算"应发小计""实发工资""最高工资""最低工资""平均工资"。

（3）按"性别"进行分类汇总，统计不同性别的平均实发工资和人数。

（4）筛选所有实发工资在 3500 元以上的女职工。

3．利用职工信息表和职工工资表进行如下操作。

（1）使用 VLOOKUP 函数统计不同工作部门实发工资总额和人数。

（2）使用 COUNT 或 COUNTA 函数统计公司总人数。

（3）使用 COUNTIF 或 COUNTIFS 函数统计各行政职务的人数和平均实发工资。

（4）使用 COUNTIFS 函数统计实发工资分别为 4000 元以上、3000~4000 元及 3000 元以下的人数。

4．根据统计的各工作部门人数绘制图表。

（1）图表类型为"复合饼型"，图表样式为"样式 8"。

（2）图表布局为"布局 2"，图表标题为"各工作部门人数统计图"，字体为隶书 16 磅。

（3）在图表顶部添加图例，将数据标签设置在"数据标签外"。

（4）将图表作为新工作表插入，新工作表的名称为"统计图"。

扩 展 阅 读

[1] 李忠. 穿越计算机的迷雾[M]. 北京：电子工业出版社，2018.

[2] 文仲慧，等. 密码学浅谈[M]. 北京：电子工业出版社，2019.

PowerPoint 基本应用

PowerPoint 作为一款交互式演示软件，可以为企事业单位、公司、个人等提供强大的展示界面，适用于各种展示型、分享型、介绍型的工作场景。PowerPoint 具有生动形象、动感直观的视觉效果，能够帮助受众更好地理解讲授者的意图，其中可供展示的内容包含文字、图片、音频、视频，具体的操作有幻灯片文字排版、图片插入、SmartArt 使用、版式的应用、母版的应用、背景的设置、动画效果的设置、放映效果的设置等，本单元将通过对产品分析宣讲稿的制作来演示以上功能。

项目 1
制作产品分析宣讲稿

 项目描述

刘明利毕业之后进入一家互联网公司，并很快成为公司的骨干。公司最近准备在共享单车这个项目上做一些实践，于是让刘明利分析一下目前共享单车的发展现状及利弊，给公司以后的发展提供战略支撑。刘明利深知责任重大，他决定先收集资料，然后使用 PowerPoint 做出一个形象直观的演示文件，并准备在部门会议上给大家做分析演示。

项目分析

在完成资料收集和整理后，应先建立一个 PowerPoint 演示文档，制作一个宣讲稿的演示大纲，再统一格式设计幻灯片的模板，并填充文字和图片等多媒体素材。为了美观动感，在文字和图片出现时可加上动态效果，并设置好放映效果。最后，输出宣讲稿。

相关知识

1. PowerPoint 2016 的启动和退出

1) 启动 PowerPoint 2016

方法 1："开始"菜单启动。单击"开始"按钮，在打开的"开始"菜单中选择"PowerPoint 2016"命令，如图 5-1 所示，即可启动 PowerPoint 2016。

方法 2：快捷方式启动。双击 Windows 桌面上的 PowerPoint 2016 快捷方式图标，即可启动 PowerPoint 2016，如图 5-2 所示。

方法 3：双击 PowerPoint 2016 文件启动。在计算机上双击任意一个 PowerPoint 2016 文件图标，在打开该文件的同时即可启动 PowerPoint 2016，如图 5-3 所示。

2) 退出 PowerPoint 2016

方法 1：双击工作界面左上角的 PowerPoint 2016 程序图标，在弹出的快捷菜单中选择"关闭"选项，如图 5-4 所示，或者按"Alt+F4"组合键，即可关闭窗口，退出 PowerPoint 2016。

方法 2：直接单击 PowerPoint 2016 标题栏右侧的"关闭"按钮 X 退出 PowerPoint 2016。

2. PowerPoint 2016 的工作界面

启动后，PowerPoint 2016 的工作界面如图 5-5 所示。

图 5-1　"开始"菜单启动　　　图 5-2　快捷方式启动　　　图 5-3　双击 PowerPoint 文件启动

图 5-4　选择"关闭"选项

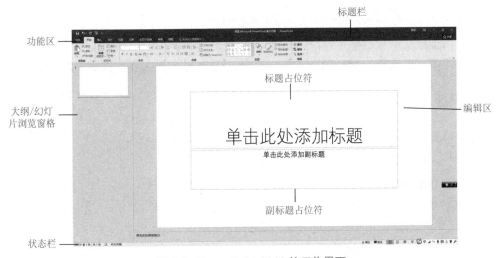

图 5-5　PowerPoint 2016 的工作界面

PowerPoint 2016 的工作界面主要由标题栏、功能区、编辑区、大纲/幻灯片浏览窗格、状态栏等组成。

 专家点睛

一个 PowerPoint 文件就是一个扩展名为 ".pptx" 的演示文稿文件，这样一个演示文稿文件

又是由若干个单独的幻灯片页面构成的。当新建 PowerPoint 文件时，可以通过不断添加新的幻灯片来增加展示页面。

（1）大纲/幻灯片浏览窗格的主要功能是预览所有幻灯片的视图，并可以快速切换到相应幻灯片进行修改。

（2）占位符为当前幻灯片预留的文本输入区域，如标题占位符、副标题占位符等，不同的占位符对应的样式不同，可直接手动输入文本。

3. 演示文稿及幻灯片

在 PowerPoint 中，"演示文稿" 和 "幻灯片" 是不同的概念，演示文稿是一个扩展名为 ".pptx" 的文件，是向观众展示的一系列材料的拼接，包括文字、表格、图表、图形、声音、视频等。而幻灯片是演示文稿中的一个页面，一个演示文稿是由多个有联系的幻灯片按顺序排列组成的。

 项目实现

本项目将利用 PowerPoint 2016 制作 "共享单车现状分析" 演示文稿，制作过程主要涉及以下内容。

（1）利用 PowerPoint 2016 制作宣讲稿大纲，结合 Word 2016 中的多级标题大纲来完成插入。

（2）利用 PowerPoint 2016 中的母版设置统一版式风格。

（3）利用多样化的素材丰富宣讲稿内容，如表格、SmartArt、图形工具等。

（4）利用多媒体资源，如图像、音频、视频、Flash 等素材实现宣讲稿整体的多元化。

1. 制作演示文稿大纲

启动 PowerPoint 2016，保存文件为 "共享单车现状分析.pptx"，制作演示文稿大纲，操作步骤如下。

制作演示文稿大纲

（1）启动 PowerPoint 2016。

（2）选择 "文件" → "保存" 命令，在右侧 "另存为" 列表中双击 "这台电脑" 选项，在打开的 "另存为" 对话框中单击左侧列表，选择文件保存的位置并输入文件名 "共享单车现状分析"，然后单击 "保存" 按钮保存文件。

（3）在幻灯片界面选择 "大纲" 选项卡。

将已经做好的 "'共享单车' 分析大纲" Word 文档按照标题样式插入 PowerPoint 中，并形成 PowerPoint 大纲视图，操作步骤如下。

（1）单击 "新建幻灯片" 按钮，在弹出的下拉列表中选择 "幻灯片（从大纲）" 选项，打开 "插入大纲" 对话框，如图 5-6 所示。

（2）选择 "'共享单车' 分析大纲" 文件，单击 "插入" 按钮，在幻灯片 "大纲" 视图模式下显示如图 5-7 所示的大纲。

图 5-6　"插入大纲"对话框

图 5-7　演示文稿大纲

（3）按"Ctrl+A"组合键选择大纲中的所有文字，在"开始"选项卡的"字体"组中，统一调整所有文字的字体和字号，这里将所有字体都调整为"黑体"。

大纲制作好之后，为幻灯片添加一个目录，目的是方便宣讲者介绍时清楚文档的结构，操作步骤如下。

（1）把光标定位在第一张幻灯片上，右击该幻灯片，在弹出的快捷菜单中选择"新建幻灯片"命令。

（2）一张全新的空白幻灯片就出现在第二张幻灯片的位置上了，单击主占位符，输入"目录"，并在下面的输入框中输入文档大纲的一级标题，如图 5-8 所示。

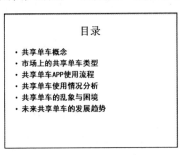

图 5-8　输入目录和一级标题

为了方便后期对不同部分的幻灯片设置不同的格式，要对当前幻灯片进行分节处理，现将演示文稿分成两节，标题和目录是一节，目录后的内容是一节，操作步骤如下。

（1）将光标定位在第三页"共享单车概念"预览图上，在"开始"选项卡的"幻灯片"组中，单击"节"按钮 ，在弹出的下拉列表中选择"新增节"选项，增加一节。

（2）右击第三页预览图上方的"无标题节"文本，在弹出的快捷菜单中选择"重命名节"命令，打开"重命名节"对话框，输入"正文"，如图 5-9 所示。

图 5-9　"重命名节"对话框

信息技术基础

（3）单击"确定"按钮，这样幻灯片的大纲就全部制作完成了。

2．插入多媒体素材

插入多媒体对象

在演示文稿中加入文字和图片素材，同时还加入一些视频和音频等多媒体素材，操作步骤如下。

（1）将光标定位在正文第一页"共享单车概念"，从"'共享单车'分析大纲.docx"文档中将"共享单车概念"下的文本复制并粘贴到副标题占位符中，删除文本前的项目符号。

（2）拖动文本框调整其大小，将该段文本放在整张幻灯片的左侧，在"插入"选项卡的"图像"组中，单击"图片"按钮，在打开的"插入图片"对话框中选择"PPT 素材"文件夹中的"Mobike.jpg"和"ofo.jpg"两张图片，如图 5-10 所示。

图 5-10　"插入图片"对话框

（3）单击"插入"按钮，插入所选图片。自定义调整两张图片的大小，使两张图片在幻灯片中上下对齐排列，效果如图 5-11 所示。

（4）将光标定位在"市场上的共享单车类型"幻灯片上，在"插入"选项卡的"文本"组中，单击"文本框"按钮，在弹出的下拉列表中选择"横排文本框"选项，插入文本框，重复以上操作步骤，"市场上的共享单车类型"幻灯片设计效果如图 5-12 所示。

图 5-11　"共享单车概念"幻灯片

图 5-12　"市场上的共享单车类型"幻灯片

3. 丰富宣讲稿内容

图表能更加形象直观地展示对比内容，从而丰富宣讲稿的内容，这里，将几种单车的属性通过表格的形式展示出来，操作步骤如下。

丰富宣讲稿内容

（1）将光标定位在"市场上的共享单车类型"幻灯片上，右击该幻灯片，在弹出的快捷菜单中选择"新建幻灯片"命令，在新的空白幻灯片的主标题占位符中输入"市场上的共享单车对比"。

（2）在"插入"选项卡的"表格"组中，单击"表格"按钮，在弹出的下拉列表中选择"插入表格"命令，弹出"插入表格"对话框。

（3）输入 6 行 5 列，如图 5-13 所示，单击"确定"按钮，插入一个 5 行 6 列的表格。

（4）打开"市场上的共享单车类型对比表.docx"文档，依照其内容依次输入表格。

图 5-13　"插入表格"对话框

（5）调整表格的位置和大小，在"表格工具/设计"选项卡的"表格样式"组中，单击"其他"按钮，在弹出的下拉列表中选择"中度样式 2-强调 1"选项，如图 5-14 所示，表格效果如图 5-15 所示。

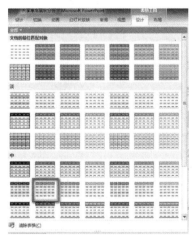

图 5-14　"表格样式"下拉列表

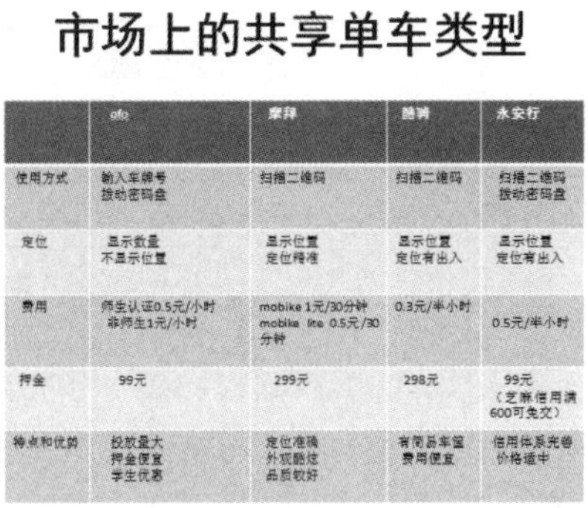

图 5-15　表格效果

利用 SmartArt 图形分别制作摩拜单车和 ofo 单车的 APP 使用流程，操作步骤如下。

（1）将光标定位在"共享单车 APP 使用流程"幻灯片上，调整"摩拜单车"和"ofo 单车"的位置，如图 5-16 所示。

图 5-16　调整"摩拜单车"和"ofo 单车"的位置

（2）在"插入"选项卡的"插图"组，单击"SmartArt"按钮，打开"选择 SmartArt 图形"对话框，选择"流程"中的"基本流程"选项，如图 5-17 所示。

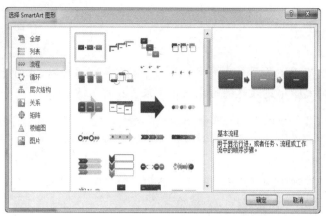

图 5-17　"选择 SmartArt 图形"对话框

（3）单击"确定"按钮。打开"共享单车 APP 使用流程.txt"文档，对照内容，在已有的流程图后面添加新的输入框，右击最后一个输入框，在弹出的快捷菜单中选择"添加形状"→"在后面添加形状"命令，如图 5-18 所示。

图 5-18　添加形状

（4）在幻灯片的流程图中输入相应的文字，并调整大小和样式，效果如图 5-19 所示。

（5）依照以上操作步骤，将共享单车 APP 使用流程设置为"垂直流程"显示，并在"SmartArt 工具/设计"选项卡的"SmartArt 样式"组中更改图形样式，效果如图 5-20 所示。

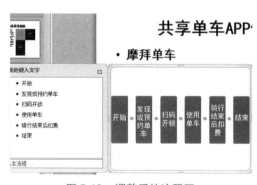

图 5-19　调整后的流程图

图 5-20　"共享单车 APP 使用流程"幻灯片效果

在"共享单车使用情况分析"幻灯片中，使用图表对共享单车在不同城市分布占比及两个品牌的市场占有率进行标识，操作步骤如下。

（1）单击"共享单车使用情况分析"幻灯片，在"插入"选项卡的"插图"组中，单击"图表"按钮▌▌，打开"插入图表"对话框，选择"饼图"选项，如图 5-21 所示。

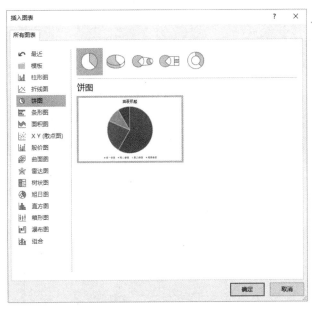

图 5-21　"插入图表"对话框

（2）单击"确定"按钮，插入饼图。打开素材中的"共享单车使用情况分析.xlsx"文件，将市场占有率表中的数据复制后粘贴到幻灯片页面弹出的 Excel 表格中，如图 5-22 所示。

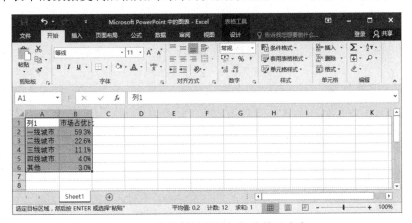

图 5-22　将数据粘贴到幻灯片的图表中

（3）在"图表工具/设计"选项卡的"图表布局"组中，单击"快速布局"按钮▨，在弹出的下拉列表中选择"布局 2"选项，如图 5-23 所示。

（4）调整"市场占有率"图表的位置，再次在"插入"选项卡的"插图"组中单击"图表"按钮，在打开的"插入图表"对话框中选择"柱形图"中的"簇状柱形图"选项，如图 5-24 所示。

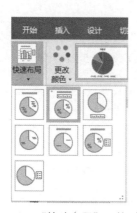

图 5-23　"快速布局"下拉列表

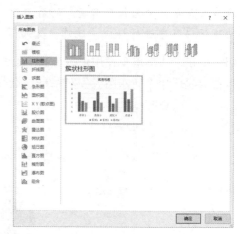

图 5-24　"插入图表"对话框

（5）将"使用年龄区间"的数据复制后粘贴到幻灯片中的 Excel 表格中，操作方法同上，效果如图 5-25 所示。

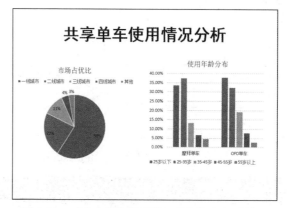

图 5-25　"共享单车使用情况分析"幻灯片效果

4. 美化演示文稿外观

使用背景颜色和背景图片来美化幻灯片，要注意当前字体颜色与背景颜色的搭配，操作步骤如下。

美化演示文稿外观

（1）将光标定位在第一张幻灯片上，右击该幻灯片，在弹出的快捷菜单中选择"设置背景格式"命令，打开"设置背景格式"窗格，如图 5-26 所示。

（2）在"填充"选项组中，分别对当前的背景进行颜色、图片、图案的填充。如果要进行纯色填充，直接在"颜色"下拉列表中选色填充。

（3）如果要填充背景图片，选中"图片或纹理填充"单选按钮，单击"文件"按钮，打开"插入图片"对话框，选择要插入的图片，单击"确定"按钮即可填充图片背景。

（4）选择图片，单击"效果"按钮□，在"艺术效果"列表中选择"虚化"效果，或者单击"图片"按钮□设置图片效果。

（5）第一张幻灯片添加图片背景的效果如图 5-27 所示。

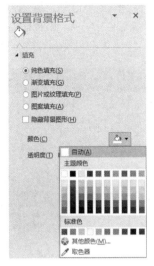

图 5-26 "设置背景格式"窗格

图 5-27 第一张幻灯片添加图片背景的效果

如果演示文稿中存在多页幻灯片，为了统一格式，要使用母版将所有页面的背景设置成相同的样式，现将第一张幻灯片的背景设置成与其他页不同，操作步骤如下。

（1）在"视图"选项卡的"母版视图"组中，单击"幻灯片母版"按钮，打开幻灯片母版视图，如图 5-28 所示。

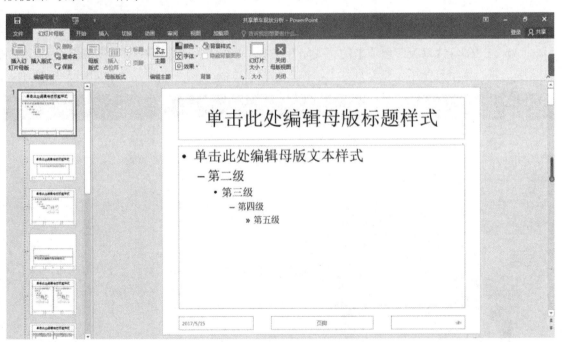

图 5-28 幻灯片母版视图

（2）第一张幻灯片是选项组中所有幻灯片的母版，先更换母版的背景，右击第一张幻灯片，在弹出的快捷菜单中选择"设置背景格式"命令，打开"设置背景格式"窗格。

（3）在"填充"栏，选中"图片或纹理填充"单选按钮，单击"文件"按钮，打开"插入图片"对话框，选择"母版图片背景 2.jpg"图片，单击"确定"按钮，此时所有第一张幻灯片之后的幻灯片统一了背景，如图 5-29 所示。

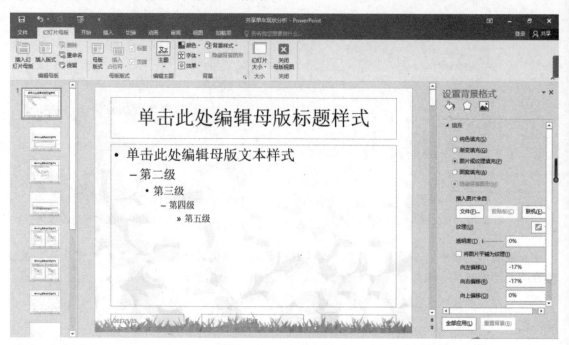

图 5-29　添加母版图片

（4）在"幻灯片母版"选项卡的"关闭"组中，单击"关闭母版视图"按钮▣，关闭幻灯片母版。将光标定位在第一张幻灯片上，添加"背景 2.jpg"图片，预览效果如图 5-30 所示。

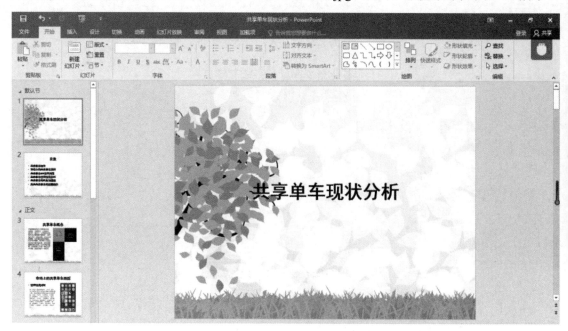

图 5-30　添加背景后的效果

项目 2
放映产品分析宣讲稿

 项目描述

在完成了背景、文字、图片等素材的添加之后，接下来就要对幻灯片的动画效果、切换效果及放映方式进行设置，主要目的是让演示文稿在展示时增加动感，效果生动。

 项目分析

首先对演示文稿设置放映效果，主要包括设置动画效果和幻灯片切换效果。其中动画效果主要针对文本框、自选图形、图片的进入、强调、退出效果进行设置，幻灯片的切换效果主要是对不同幻灯片之间的变化做一个动态设置。最后要对幻灯片的输出方式进行设置，主要包括排练计时和自定义手动放映。

 **相关知识**

1. 插入及编辑动画

针对动画的效果主要有 4 个部分，即"进入""强调""退出""动作路径"，根据幻灯片内容来逐一设定，可以只用一个效果，也可以混搭使用多个效果。

1) 动画效果

PowerPoint 2016 中预置了多种类型的动画效果，在"动画"选项卡的"动画"组中，单击"其他"按钮，弹出下拉列表，如图 5-31 所示。

每一种类型都包括基本型、细微型、温和型和华丽型，可通过选择"更多××效果"选项，打开"更多××效果"对话框，并查看相应的预设动画，如图 5-32 所示，而且可以利用预览功能查看效果。

2) 动画窗格

在"动画"选项卡的"高级动画"组中，单击"动画窗格"按钮，打开"动画窗格"窗格，如图 5-33 所示。

图 5-31　"动画"下拉列表

图 5-32　"更多进入效果"对话框

图 5-33　"动画窗格"窗格

在该窗格中可以对动画进行更精细的设置，如对动画进行叠加效果的添加、修改动画出现时间、设置播放顺序及播放模式等。

3）计时

动画可以进行"持续时间"和"延迟"设置，同时还可以对动画的出现次序进行调整。

 专家点睛

在插入和编辑动画效果的过程中，还可以对每一个选择的预设动画修改其"效果选项"，从而进行有针对性的个性化动画设置。

2．幻灯片切换

幻灯片切换主要包括切换效果和计时设置。与动画的设置效果类似，幻灯片的切换分为"细微型"、"华丽型"和"动态内容"，如图 5-34 所示。

图 5-34　幻灯片切换效果

"计时"功能主要用来设置"持续时间"、"声音"和"换片方式"。

3．幻灯片放映

幻灯片的放映设置分为手动放映和自动放映两种，其中自动放映可以通过"排练计时"来实现。

手动放映主要包括"从头开始"和"从当前幻灯片开始"两种方式，使用频率都很高，同时也可以单击演示文稿右下角的"播放"按钮 ⬗ 从当前幻灯片开始播放。自动放映主要通过"排练计时"演练幻灯片每页停留的时间来自定义放映方式，从而实现无人值守的放映模式。

 项目实现

本项目将针对之前所做的"共享单车现状分析.pptx"的演示文稿来进行动画和切换效果的设置。

1．设置放映效果

在 PowerPoint 中，可以对文本、图片、SmartArt 图形、图表设置各种进入、强调和退出的动画效果，并对动画的开始方式、运行时间、声音、播放顺序等细节进行处理，现就"共享单车现状分析.pptx"中的幻灯片页面进行动画效果的设置，操作步骤如下。

设置放映效果

（1）将光标定位在"共享单车概念"幻灯片上，选择标题"共享单车概念"文本框。

（2）在"动画"选项卡的"动画"组中单击"其他"按钮，在弹出的下拉中选择"进入"

选项组中的"浮入"效果，单击"效果选项"按钮↑，在弹出的下拉列表中选择"下浮"选项。

（3）在"动画"选项卡的"高级动画"组中，单击"动画窗格"按钮，打开"动画窗格"窗格。

（4）选中"共享单车概念"文本框，单击"高级动画"组中的"添加动画"按钮★，在弹出的下拉列表中选择"强调"选项组的"彩色脉冲"选项，此时"动画窗格"窗格中会显示两个动画设置项，如图5-35所示。

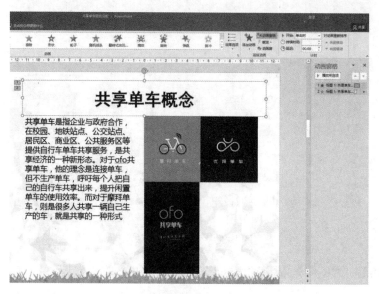

图 5-35　为标题设置两个动画选项

（5）选中正文内容文本框，在"动画"选项卡的"动画"组中，单击"其他"按钮，在弹出的下拉列表中选择"强调"选项组中的"加粗展示"选项，单击"动画"组中的"效果选项"按钮，在弹出的下拉列表中选择"按段落"选项。

（6）单击"摩拜单车"图片，在"动画"选项卡的"动画"组中，单击"其他"按钮，在弹出的下拉列表中选择"更多进入效果"选项，在打开的"更多进入效果"对话框中选择"华丽型"选项组中的"螺旋飞入"选项，如图5-36所示，单击"确定"按钮。

图 5-36　设置图片进入效果

（7）在"动画窗格"窗格中右击"图片 3"，在弹出的快捷菜单中选择"效果选项"命令，如图 5-37 所示。

图 5-37 "效果选项"命令

（8）此时打开如图 5-38 所示的对话框，单击"声音"下拉按钮，在弹出的下拉列表中选择"风铃"选项，选择"计时"选项卡，"延迟"设置为"0.5 秒"，单击"确定"按钮。

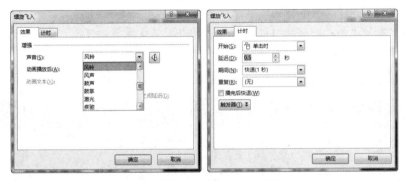

图 5-38 设置"螺旋飞入"的效果

（9）使用与"摩拜单车图片"相同的动画效果，设置"ofo 共享单车"图片的动画效果，为了保证动画自动播放，在"动画窗格"窗格中选中"动画 1"，在下拉列表中选择"从上一项开始"选项，依次选择下一个动画设置项，选择"从上一项之后开始"选项，这样就可以实现动画的自动顺序播放，如图 5-39 所示。

图 5-39 设置播放顺序

为演示文稿设置幻灯片切换效果，幻灯片切换主要是对效果和计时的选择，操作步骤如下。

（1）将光标定位在第一张幻灯片上，选择"切换"选项卡，"切换到此幻灯片"组中显示了切换方式，如图 5-40 所示。

图 5-40　幻灯片切换方式

（2）选择"显示"选项，在"计时"组中，单击"声音"按钮，在弹出的下拉列表中选择"风铃"选项，在"持续时间"文本框中输入"03.00"，如图 5-41 所示。

（3）单击"预览"组中的"预览"按钮，查看设置的切换效果。

图 5-41　设置"持续时间"

2．输出宣讲稿

PowerPoint 提供了 3 种放映方式：①演讲者放映（全屏幕）；②观众自行浏览（窗口）；③展台浏览（全屏幕）。前两种都是手动放映，而第三种需要使用放映排练计时，并且需要为文稿设置演示方式。在默认情况下，演示文稿的放映模式是手动放映，本项目设置演示文稿为无人值守的自动放映方式，操作步骤如下。

输出宣讲稿

（1）打开演示文稿，选择"幻灯片放映"选项卡，如图 5-42 所示。

图 5-42　"幻灯片放映"选项卡

（2）在"开始放映幻灯片"组中单击"从头开始"按钮，或单击"从当前幻灯片开始"按钮，便可以进行幻灯片的放映。

（3）单击"设置"组中的"排练计时"按钮，进入"排练计时"界面，幻灯片会默认放映第一张幻灯片的内容，这时左上角的"录制"对话框会显示当前幻灯片停留的时间和总录制时间，如图 5-43 所示。

（4）根据每张幻灯片的展示内容，按"Enter"键或单击幻灯片进行切换，直到最后一张幻灯片，按"Esc"键，打开如图 5-44 所示的提示对话框，显示放映所需的时间，单击"是"按钮保留新的幻灯片计时。

图 5-43　"录制"对话框

图 5-44　停止排练计时打开的提示对话框

（5）按"Ctrl+S"组合键保存演示文稿。为了能够进行自动播放，在"幻灯片放映"选项卡的"设置"组中，单击"设置幻灯片放映"按钮，打开"设置放映方式"对话框，如

图 5-45 所示，选择放映类型为"在展台浏览"，单击"确定"按钮即可。

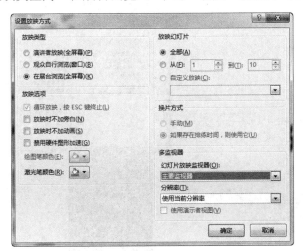

图 5-45　"设置放映方式"对话框

（6）单击"开始放映幻灯片"组中的"从头开始"按钮，整个过程就实现了无人值守的全自动放映效果。

为了保证在放映过程中能够进行交互式放映，要求使用超链接来建立文本链接和自定义图形链接，操作步骤如下。

（1）选择"目录"幻灯片，单击"共享单车概念"文本框，在"插入"选项卡的"链接"组中，单击"链接"按钮 🌐，打开"插入超链接"对话框，如图 5-46 所示。

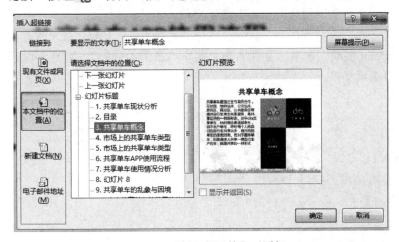

图 5-46　"插入超链接"对话框

（2）选择"本文档中的位置"选项，在"请选择文档中的位置"列表框中选择"共享单车概念"选项，此时对话框右侧出现链接的页面预览图，单击"确定"按钮即可，其他几个幻灯片都可以通过这种方式链接。

（3）将光标定位在"共享单车概念"幻灯片上，在"插入"选项卡的"插图"组中单击"形状"按钮 ⬚，在弹出的下拉列表中选择"动作按钮"选项组中的"空白"选项。

（4）在"共享单车概念"幻灯片上绘制图形按钮，弹出"操作设置"对话框，如图 5-47 所示。

图 5-47 为按钮设置超链接

（5）选中"超链接到"单选按钮，在其下拉列表中选择"幻灯片"选项，打开"超链接到幻灯片"对话框，选择"目录"选项，单击"确定"按钮，返回上一级，单击"确定"按钮建好链接。

根据需要设置演示文稿的输出方式，操作步骤如下。

（1）打开"共享单车现状分析.pptx"演示文稿。

（2）选择"文件"→"另存为"命令，打开"另存为"对话框，在"保存类型"下拉列表中选择"PowerPoint 放映"选项，文件名为"共享单车现状分析"，如图 5-48 所示，单击"保存"按钮，保存演示文稿。

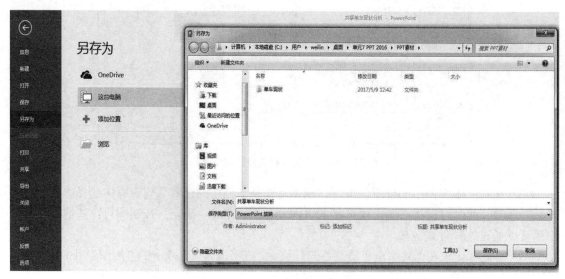

图 5-48 保存演示文稿

单 元 小 结

本单元共完成两个项目，学完后应该有以下收获。
- 掌握 PowerPoint 2016 的启动和退出。
- 熟悉 Power Point 2016 的工作界面。
- 掌握 PowerPoint 的基本操作。
- 掌握幻灯片的操作技巧。
- 掌握制作宣讲大纲的操作。
- 掌握文字、图片等素材的添加方法。
- 掌握 SmartArt 图形、图表的使用。
- 掌握母版的设置。
- 掌握幻灯片动画的编辑和使用。
- 掌握幻灯片切换效果的设置。
- 掌握演示文稿的交互式放映。
- 掌握演示文稿的输出。

课 外 自 测

一、单选题

1. PowerPoint 2016 窗口中，一般不包括在选项卡中的是_____。
   A．文件　　　　　　　　　　　B．视图
   C．插入　　　　　　　　　　　D．格式
2. 能对幻灯片进行移动、删除、复制，但不能编辑幻灯片中具体内容的视图是_____。
   A．幻灯片视图　　　　　　　　B．幻灯片浏览视图
   C．幻灯片放映视图　　　　　　D．大纲视图
3. PowerPoint 2016 演示文稿的文件扩展名是_____。
   A．pps　　　　　　　　　　　　B．xls
   C．pot　　　　　　　　　　　　D．pptx
4. 在_____方式下能实现一屏显示多张幻灯片。
   A．幻灯片视图　　　　　　　　B．大纲视图
   C．幻灯片浏览视图　　　　　　D．备注页视图
5. PowerPoint 2016 的母版有_____种类型。
   A．3　　　　　　　　　　　　　B．4
   C．5　　　　　　　　　　　　　D．6

6. 在 PowerPoint 2016 中，用户可以通过按"Ctrl"和"_____"键来新建一个 PowerPoint 演示文稿。

    A. S   B. M

    C. N   D. O

7. 在 PowerPoint 2016 中，用户可以通过按"Ctrl"和"_____"键来添加新幻灯片。

    A. S   B. M

    C. N   D. O

8. 选择不连续的多张幻灯片，借助_____键。

    A. Shift   B. Ctrl

    C. Tab   D. Alt

9. 在 PowerPoint 中，如果想在演示过程中终止幻灯片的演示，则随时可按_____键实现。

    A. "Delete"   B. "Ctrl+E"组合

    C. "Shift+C"组合   D. "Esc"

10. 新建一个演示文稿时，第一张幻灯片的默认版式是_____。

    A. 项目清单   B. 两栏文本

    C. 标题幻灯片   D. 空白

11. 下列有关幻灯片和演示文稿的说法中，不正确的是_____。

    A. 一个演示文稿文件可以不包含任何幻灯片

    B. 一个演示文稿文件可以包含一张或多张幻灯片

    C. 幻灯片可以单独以文件的形式存盘

    D. 幻灯片是 PowerPoint 中包含文字、图形、图表、声音等多媒体信息的图片

12. 想让作者的名字出现在所有的幻灯片中，应将其加入到_____中。

    A. 幻灯片母版   B. 标题母版

    C. 备注模板   D. 讲义母版

13. 在 PowerPoint 中，执行了插入新幻灯片的操作，被插入的幻灯片将出现在_____。

    A. 当前幻灯片之前   B. 当前幻灯片之后

    C. 最前   D. 最后

14. 幻灯片"换片方式"在"_____"选项卡中。

    A. 设计   B. 切换

    C. 动画   D. 幻灯片放映

15. 关于演示文稿，下列说法错误的是_____。

    A. 一个演示文稿是由多张幻灯片构成的

    B. 可以调整占位符的位置

    C. 所有的视图下都可以编辑幻灯片的内容

    D. 每张幻灯片都可以有不同的版式

16. 如果有几张幻灯片暂时不想让观众看见，最好_____。

    A. 删除这些幻灯片

    B. 隐藏这些幻灯片

C．新建一些不含这些幻灯片的演示文稿

D．自定义放映方式时，取消这些幻灯片

17．被隐藏的幻灯片在＿＿＿＿＿＿＿＿＿＿中不可见。

A．普通视图　　　　　　　　　　　B．幻灯片浏览视图

C．幻灯片放映视图　　　　　　　　D．备注页视图

18．最快捷且正确的关闭 PowerPoint 的方法是＿＿＿＿＿＿＿＿。

A．选择"文件"→"退出"命令

B．按"Reset"键重新启动计算机

C．单击 PowerPoint 标题栏右侧的"关闭"按钮

D．单击"幻灯片/大纲"窗格右侧的"关闭"按钮

19．PowerPoint 的主要功能是＿＿＿＿＿＿。

A．创建演示文稿　　　　　　　　　B．数据处理

C．图像处理　　　　　　　　　　　D．文字编辑

20．能激活超链接的视图方式是＿＿＿＿＿＿＿。

A．普通视图　　　　　　　　　　　B．大纲视图

C．幻灯片浏览视图　　　　　　　　D．幻灯片放映视图

二、实操题

1．模仿共享单车案例，制作如图 5-49 所示的"猪猪侠童装"产品宣传片。

图 5-49　演示文稿"猪猪侠童装"产品宣传片效果

2．根据给定的素材和模板，制作"宝宝相册"演示文稿，如图 5-50 所示。

图 5-50　演示文稿"宝宝相册"演示文稿效果

扩 展 阅 读

[1] 陈爱军. 深入浅出：通信原理[M]. 北京：清华大学出版社，2018.

[2] 新光传媒. 发现之旅：军事装备与计算机（现代技术篇）[M]. 北京：石油工业出版社，2019.

反侵权盗版声明

电子工业出版社依法对本作品享有专有出版权。任何未经权利人书面许可，复制、销售或通过信息网络传播本作品的行为；歪曲、篡改、剽窃本作品的行为，均违反《中华人民共和国著作权法》，其行为人应承担相应的民事责任和行政责任，构成犯罪的，将被依法追究刑事责任。

为了维护市场秩序，保护权利人的合法权益，我社将依法查处和打击侵权盗版的单位和个人。欢迎社会各界人士积极举报侵权盗版行为，本社将奖励举报有功人员，并保证举报人的信息不被泄露。

举报电话：（010）88254396；（010）88258888

传　　真：（010）88254397

E-mail：　　dbqq@phei.com.cn

通信地址：北京市万寿路 173 信箱

　　　　　电子工业出版社总编办公室

邮　　编：100036